JN014163

SD選書 273

共生の都市学

團 紀彦 著

鹿島出版会

序

世界の人口爆発

一九五〇年に二五億人だった世界総人口はわずか七〇年のうちにその三倍を超え、二〇二二年末には八〇億人に達することが予想されている。先進諸国といわれる国々で少子高齢化が進んでいるにもかかわらず、世界の人口は爆発的に増大し続けている。かつて三人に一人の割合が都市人口といわれたが、今では世界人口の三人に二人が都市に集住し始めており、そのことを考えれば都市人口は少なくともこの七〇年で六倍に跳ね上がろうとしている。これほどの世界人口の急上昇と都市の人口爆発はかつて人類が経験したことのない現象であり、それが今現実のものとして起こりつつある。これがなぜ起こったかについての最大の要因は医療環境の向上に伴う平均寿命の上昇、都市衛生の向上と都市的な生活の拡大がその大きな原因となっている。

天然痘を予防するために一八世紀に発見されたジェンナーの種痘法が一九世紀初頭から広まり、一九世紀末にはコッホやパストゥール、北里柴三郎らによる結核菌、コレラ菌やペスト菌といった長年人類を苦しめてきた不治の病だった疾病の病原菌が次々に特定され抗生物質をはじめとする医薬品が開発されたことが大きかった。世界の男女の平均寿命は一九五〇年で四六歳だったが現在は七一歳となり、この七〇年で二五歳も伸びた。二〇二一年度世界平均寿命ランキングは一位が日本の八四・三歳、二位がスイスの八三・四歳、三位が韓国の八三・三歳となっている。これは医療技術がいっそう進歩したことに加えて二〇世紀後半にかけて、上下水道のインフラ整備に伴い都市衛生環境も改善されてきたためでもあった。

このたび世界でパンデミックを引き起こしたコロナ禍は、こうした過密化する都市人口と無関係ではない。はじめは中国武漢から始まった感染も航空機、車両、鉄道や船舶による人間の世界の大都市への移動によりパンデミックが引き起こされたことは明らかであり、世界同時的に進行している点で都市的でグローバルな疾病だといえるからだ。しかし世界規模で見ると、現時点で二七カ国の平均寿命は明らかにコロナ禍によって低下していることが報告されているが、これには地域差があって欧米において比較的この傾向が強いのに対して、アジアではコロナ禍にもかかわらず平均寿命が伸びている国々も多く、前記の世界人口の急激な上昇に大きな影響は与えていない。

二〇二二年度版の国連の世界人口基金による平均寿命ランキングでは男性で八二歳の日本、オーストラリア、マカオ、香港が世界一位で、女性は八八歳の日本、香港、マカオが世界一位である。日本ではコロナ禍にもかかわらず男性は過去八年間、女性は過去九年間最高値を更新し続けており、厚生労働省の分析では、コロナによる死亡は若干増えたものの例年の肺炎と癌の死亡率が著しく低下したためとしている。このように東アジアでは新型コロナウィルスによる平均寿命の低下はあまり見られない。しかしこの疾病は人類にとっての未知のウィルスによるものであり、その発生段階から世界が注目するグローバルなステージに乗ることになったために、世界の産業と経済に未曾有のマイナス影響を与え続けていることは言を俟たない。

人口が集中する都市部は感染が拡大しやすいために忌避され、より安全と考えられる郊外や田園地帯に移り住もうとする動きも始まりつつある。しかし心情的にはそうであっても多くの人々は医療機関や教育機関が集中した都市に釘付けとなっており、テレワークなどが進んでも大々的な地方移住にはまだいたっていない。海外への自由な渡航や移住も各国による対応の仕方に温度差があるためにいまだ抑制的であり、二〇二〇年以前のかつての状況に戻るまでにはまだ時間がかかりそうだ。

人はなぜ都市に集まるのか

「人はなぜ都市に集まるのか」という問いは繰り返し問われてきたが、それに対する答えとして「資本が集まり、雇用機会が多いから」といった社会科学的な説明が何度となく繰り返されてきた。しかしそれでは原因と結果を入れ替えただけで答えにはなっていないのではないか。経済面だけではなく人間社会から都市を見た場合、一〇〇〇万人の都市に住むということは その全ての人たちと顔を合わせるために住むのではなく、都市ならではのサービスを享受しながらも、多くの市民はごく少数の家族と生活し、限られた数の友人や同僚と顔を合わせて生活しているのが現実であり、その他ほとんどの市民とは物理的に会わずに暮らしている。

都市の条件には「個」と「群れ」の区別と安全な関わりを保証する装置が備わっているかどうかが重要な意味を持っていると考えることができる。

ここで私が以前、一九九〇年代に佐渡島で仕事をしていたときの話をしたいと思う。佐渡島は淡路島に次ぐ日本第二の面積を持つ金床型をした新潟県の島で、豊かな海産物と美しい自然に恵まれている。その金床型の島の南西側の岬の付け根に小木という街がある。そこで聞いた話によると、地元の高校を卒業して外に出ていった若者の調査を行ったところ、三分の一が東京に出て行き、次の三分の一が新潟市に出て行ったそうだ。ところが最後の三分の一は佐渡の島内に留まっているという。その場所は佐和田という街で、古いコミュニティーの残る佐渡の中ではやや新興地の趣があり、新しいアパートなども建てられている場所であり、島内に留まる若者はその街に住むのだそうだ。その理由はカップルが手をつないでいたりすると、その日のうちに噂が広まってしまう古くからある他の街に比べて干渉されずに済むからだとのことだった。

これは「人はなぜ都市に集まるのか」という人々の本質的な動機を別の角度から物語る話だと思う。農村社会のコミュニティーが人々をつなげる大切な役割を果たしている一方では、脱コミュニティーという名の自立欲求や匿名性もまた都市に人が集まる一つの要素だと思う。都市には多くの人がさまざまな理由で集まるが、それは可視的なものや不可視のものを問わず無数の境界線と無数の壁による周到な個の確保が保障されているからだともいえる。新型コロナウィルス防疫の観点からは、多くの人が集住している都市は危険だが、壁が無数にあるからこそ都市は安全だという逆説的な心理も働いているのだと思う。新型コロナウィルスの感染拡大は、これまでは空間のつながりが当たり前であったレストランなどでも客席の間にプラスチック製の仕切り板を設けるなど、個の確保という問題をさらに顕在化させることになった。

個と群れと境界線

境界線と壁は人間の群れを個に分ける装置の役割を果たしている。これは人間に限らず、あらゆる動物と植物などの生物界にもいえることだ。ハチのように隔壁を作る生き物もあれば、そうでない場合でも種に固有な方法でテリトリーを設定する場合もある。境界線は国境や敷地境界線のように人為的に定められたものもあるが、生物と生物の境界や川と陸地の境界など、自然界にもさまざまな形の境界領域が存在している。

近代建築はそれ以前の古典的建築物の壁を人間の自由を制約し、分断するものとして取り払い、空間に流動性をもたらそうとした。このムーヴメントが起きてからほぼ一〇〇年が経った。この建築空間の流動性と連動するかのように現れたグローバリズムも、国境の壁を取り払い世界に流動化をもたらそうとした。しかしその結果、それが幻想である面もあることが次第に明らかになりつつあり、個のアイデンティティーの確保のための壁の存在意義が再び見直されつつある。

今、世界はこの壁を取り払う流動化を目指すグローバリズムと、壁を堅持して個のアイデンティティーを保とうとする二つの考え方のせめぎ合いとなっている。ロシアのウクライナ侵攻を見れば明らかなように、かつて西側諸国が東側に対して提唱した壁の開放、すなわちグローバリズムはソ連の崩壊につながったが、今では逆に壁を破壊することが侵略主義の方便となってしまった。流動化と固有性の確保はこのように現代の国際社会の対立を生む争点となっているが、建築と都市は古代からこの問題とフィジカルに向き合ってきた領域であり、そこで培われてきた空間的な認識モデルは世界のさまざまな思潮を再考するうえでいっそうその重要性と意義を増していると思う。

本書の目的

本書は都市を計画の対象としてだけ見るのではなく、都市文化を読み解く資料として捉えている点で都市工学の専門書であるとはいえない。また随所で歴史に対する考察を行っているが、実証的な歴史書と肩を並べようとするものでもない。しかし都市に対して働きかけ、その改善を目的の一つとしていることも確かであり、この点で本書を広義の都市論として自らも理解するところであるが、以上の意味を込めて、ここではあえて都市学という聞きなれない言葉を使用することをお許しいただきたいと思う。

本書は二〇一六年から奉職した青山学院大学総合文化政策学部で文科系、理科系の垣根を取り払った形で学生と青山周辺に対する都市の考察を始めたことがきっかけとなっている。したがって街を歩き、そして考えたことは東京青山を出発点としている。このために東京の分析が多く含まれていることをご理解いただきたいと思う。従来の日本の書物の多くがそうだったように海外の書物、特に欧米の価値観をそのまま日本に導入することよりも、足元の視点から自ら住む街の特殊性を知り、逆にそこから世界の都市との差異と普遍的なつながりを見出すことが大切だと考えたからだ。本書が読者の皆様にとって、都市と自然と人間のつながりを通して日本文化の特殊性と世界の都市文化とのつながりを考えるための一助となれば幸いである。

共生の都市学　目次

V　共生の思想

Part 1　境界線

Part 2　理論と実践

I 江戸東京の文脈

図1 渓斎英泉「日本橋の晴嵐」

図1は江戸後期の絵師、渓斎英泉の描いた
江戸八景の中の「日本橋の晴嵐」である。
現代の東京で大勢の人を見るのであれば、渋谷駅のスクランブル交差点だが、
江戸であれば日本橋だっただろう。
局部的な人の多さは江戸東京では日常的で、今に始まったことではない。
日本の都市空間の特殊性を理解するために、
本章では江戸から続く東京の文脈に焦点を当て、
いくつかの断片的事象を取り上げてみようと思う。

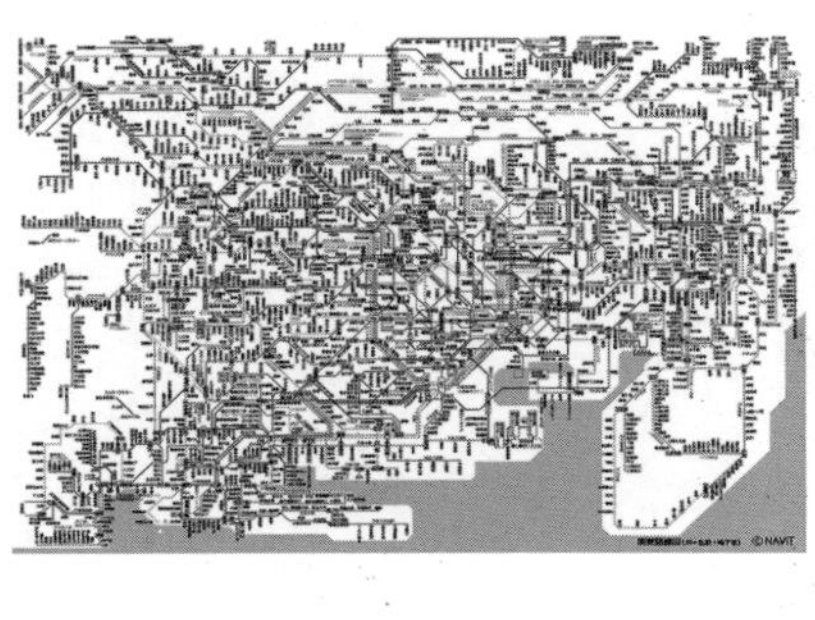
図2　東京の鉄道路線図

一　世界最大の都市圏

乗降客数世界一位から二三位まで日本の駅

二〇一九年の統計によれば、東京と横浜を合わせた東京圏は三八〇〇万人を擁する世界最大の都市圏である。第二位はジャカルタの三四〇〇万人で、やがてはここが世界最大の都市圏になると考えられている。しかし今の段階では、東京圏の人たちが通勤通学に鉄道を利用する割合が六四％であるのに対して、ジャカルタでは鉄道の利用率はわずか二％である。つまりジャカルタではバイクや車による移動が多く、交通渋滞は慢性的な問題となっている。

東京の鉄道敷設はなぜ**図2**のように網の目のごとく発達したのか。明治維新から私鉄は、国鉄よりも遅れることわずか一〇年足らずの早期から認可されており、沿線開発や駅ビル文化という日本独特の形式を発展させてきた。国鉄も一九八七年に民営化され、貨物輸送を減らして旅客輸送を主体とするようになった。乗降客数の多い駅では新宿駅の年間一三億人の世界一位を筆頭に、二〇一三年の時点で二三位までは全て日本の鉄道駅であり、二四位になって初めてパリの北駅が登場する。二三駅中一六駅は東京にあり、ちなみに世界二三位は押上駅である。二〇世紀後半から都心部では鉄道は旅客専用に、物資の輸送はトラックにという役割分担もいっそう明確になってきた。

駅ビルは英語に訳せない

東京では三越や高島屋といった最初に登場した第一世代の百貨店に対して、第二世代のスーパーマーケットは小田急、東急、西武、阪急などすべて私鉄系であり、第三世代としてイオンなどの車社会に対応した郊外型店舗が台頭することになった。第一世代の百貨店は鉄道駅とは直結せずに発展したが、第二世代は私鉄の駅の横や地下に駅ビルを造りデパートにすることでこの業界を発展させた。このようなことは日本以外の国ではありえなかったことだ。東アジアで鉄道に私鉄があるのは日本だけだからだ。したがって駅ビルは海外にはないので、Station buildingと訳すと駅舎のことを意味するので意味が伝わらない。英語に訳すときにはEkibiruというほかはない。

日本以外の国では鉄道駅は駅舎という単一機能の建物で、大きな天蓋のかかるコンコースがあって街の玄関口として設計されており、商業部分は最小限の旅客のサービスのための脇役にすぎない。上海の新幹線の駅に行くと天井高が二〇m以上もあり、待合の無数のベンチのある大空間の向こうが霞んで見えるほど大きい図3。一方東京駅の新幹線乗り場は天井高が三mほどと低く、しかもいくつも設けられている図4。日本人は鉄道に乗るときにはほとんど待合室で座って待つことは少なく、早めに着いたときにはお土産品や飲み物などをコンビニで買うか、カフェなどで簡単な食事を済ませたりするか、そのまま乗車する。乗り口の天井が低いのは上の階にはデパートなどの商業施設があるからで、上海駅がもし日本にあったならばあの大空間は全て床が張られて大デパートに

（前頁右）図3　新幹線の上海駅
（前頁左）図4　新幹線の東京駅

なっていたことだろう。

駅は複合化するほど顔がなくなる

土地の狭い日本、特に都市部では全てのものが複合化しており、単一機能の建物はむしろ少ないといえる。新宿駅などは外から見えるのはデパートであり、海外から来た人たちには駅に見えないことだろう。東京駅や田園調布駅などの顔のある駅は例外的なものので、利便性と商業的な利潤追求のために玄関口としての顔を失ったのは残念なことであるが、日本では商業と交通はこのように表裏一体をなしており、このことが空前の鉄道敷設率と世界一の都市圏を形成するモチベーションとなっている。

二　江戸時代から高かった東京の人口密度

江戸の町人地の空前の人口密度

アメリカの市街地の定義は人口密度四〇〇〇人／㎢であるのに対して、日本の定義は四〇〇〇人／㎢である。この一〇倍の違いは文化の違いとしかいいようがない。江戸の頃の人口密度は武家地において一㎢あたり一万六八〇〇人、町人地においては六万七〇〇〇人というデータがある。東京都二三区の人口密度平均が一万五〇〇〇人／㎢なので江戸の武家地とそれほど変わらない。二三区の中で一㎢あたり二万人を超えているのは豊島区、中野区、荒川区の三区で、その中で最も人口密度が高いのは豊島区の二万一六〇〇人／㎢である。今、世界で最も人口密度の高い都市はマカオの二万五〇〇〇人／㎢であるからそうかけ離れていない。この中で注目すべきなのは江戸の町人地の空前の六万七〇〇〇人／㎢という数字で、ムンバイやバングラデシュの特別に人口稠密な地域の三万人／㎢の倍以上である。

殺人事件発生率が世界一低い街

人口密度との関係性を見るために江戸のスラムや犯罪率を調べてみても特筆すべき事例が見当たらない。スラムについては後述するが、明治期に入ってから明確な場所として東京に出現するが、それと犯罪率の高さが結びついていたわけでもない。結論をいえば人口密度の高さと犯罪率には相関関係はない。東京やマカオや香港などの人口高密度低犯罪率の事例がそれを証明している。殺人事件発生率という指標があり、年間に人口一〇万人につき何件の殺人事件が発生するかを示すもので都市の安全性の一つの指標となっている。

これによれば、世界で殺人事件発生率が最も高いのは二〇一八年時点でメキシコのティファナの一三八件／年であるのに対し、東京は〇・二件／年で世界で最も低い部類に入っている。ちなみにサイバー犯罪のファクターなどを考慮すると、総合的に見て東

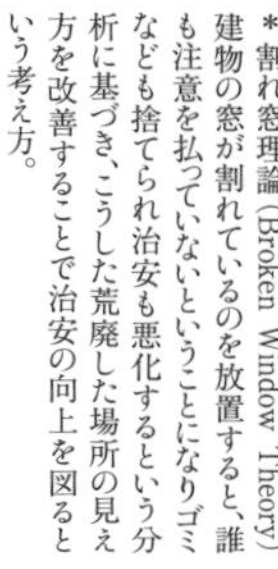
＊割れ窓理論(Broken Window Theory)建物の窓が割れているのを放置すると、誰も注意を払っていないということになりゴミなども捨てられ治安も悪化するという分析に基づき、こうした荒廃した場所の見え方を改善することで治安の向上を図るという考え方。

図5　渋谷スクランブル交差点

京はシンガポールを抑えて世界一安全な都市ということになっている。中南米の都市に治安の悪い都市が多く、二位はメキシコのアカプルコの一一〇件／年、三位がベネズエラのカラカスで一〇〇件／年となっている。ティファナを例にとれば、人口は一九二万人なので換算すると年間二六四九件、東京を都心部一〇〇〇万人としても年間二〇件と大きな開きがあり、これは日割りにするとティファナが一日に七件以上の殺人事件が発生して日常化しているのに対して、東京では二〇日に一件の希少ニュースとなる。

ニューヨークでは一九九〇年には年間二二四五件の殺人事件が発生していたが、ジュリアーニ市長の時代に割れ窓理論＊と呼ばれる政策を導入したために犯罪率は激減し、二〇一四年には年間三三三件にまで減少した。しかしそれでも年間二〇件の東京には遠く及ばない。日本ではこのように殺人件数が少ないと相対的にはメディアの誌面や映像では大きく扱われる傾向があり、ことさらに猟奇的な犯罪が強調されることも多い。犯罪の内容も介護疲れによる肉親への殺人の割合などが高くなるわけであるが、これは決して肉親殺しの多い国ということではない。これはかつてよく見られた動機による殺人件数が極度に少なくなったと見るべきだ。以前は新聞やニュース等でよく使われて誰でも知っていた「痴情のもつれ」という男女関係による殺傷事件の慣用句を知っているかと尋ねたところ、今の学生はほとんど知らなかった。

図6　江戸時代の日本橋

群衆のイメージと公共空間

渋谷のスクランブル交差点図5の人の多さに匹敵する江戸の界隈は日本橋だろう図6。当時の日本橋周辺の絵を見ると、そこには共通点があり群衆というもののイメージがいたってニュートラルに描かれている。そこに犯罪性や不潔感はまるでない。ブリューゲルやボッシュの絵画に出てくる群衆は、ほとんどが悪徳や堕落などと結びつけられていてことさらに醜悪に描かれており、群衆のイメージがそれぞれの文化圏によって相当異なることがわかる図7。このような人口高密度に対する免疫は日本の伝統的な遺伝子であるともいえる。

「空気を読む」とか「人の迷惑になりたくない」などの日本人特有の心理は、こうした人口密度の高さとそれに対する固有の社会規範の反映であるといえる。公共性というものの考え方にもこの人口高密度の状況が大きく影響している。ブータンなど国内全面禁煙の国は別として、至るところで路上喫煙を禁止しているのは日本くらいではないか。公共空間とは、海外では喫煙者も含めて万人のために開かれているとする考え方が一般的であるのに対して、日本では公共の場だからこそ他人の迷惑になるから喫煙はノーということになるのは、前提となる公共空間の人口密度が歴史的に高かったことからくる独特なコンセンサスであると考えられる。

図7　ピーテル・ブリューゲル「謝肉祭と四旬節の喧嘩」

三　渋谷駅とスクランブル交差点

渋谷のスクランブル交差点はなぜ人が多いのか

渋谷駅前のスクランブル交差点は海外の観光客の間では珍しい光景として有名だが、私は学生の頃からよくここを歩いていた日常的な場所だったのではじめはその理由がわからなかった。いわれて見ると、一度に二〇〇〇人くらいがこの横断歩道を渡ることもある場所なので、そういった場所は海外にはあまりないからだとわかった。このように東京に住んでいる人のほうが、この都市のガラパゴス現象が見えなくなっていることも多い。

同じことがこちらが海外に旅行に行ったときにもあてはまる。向こうの人が当たり前に思うことにも驚いたり新鮮に感じたりすることは多く、旅行の面白さとはそんなところにあるのかもしれない。しかし、なぜここにこうした現象が生まれているのかと海外の旅行者から聞かれたとすると、本当にわかりやすく説明ができるだろうか。よく観察した末に、私がたどり着いた渋谷駅とスクランブル交差点の寓話的解釈は次のようなものだ。

これは本当に一つの駅なのか

渋谷駅は六つの鉄道会社が順次乗り入れてできた駅で、当初から今まで最終的な完

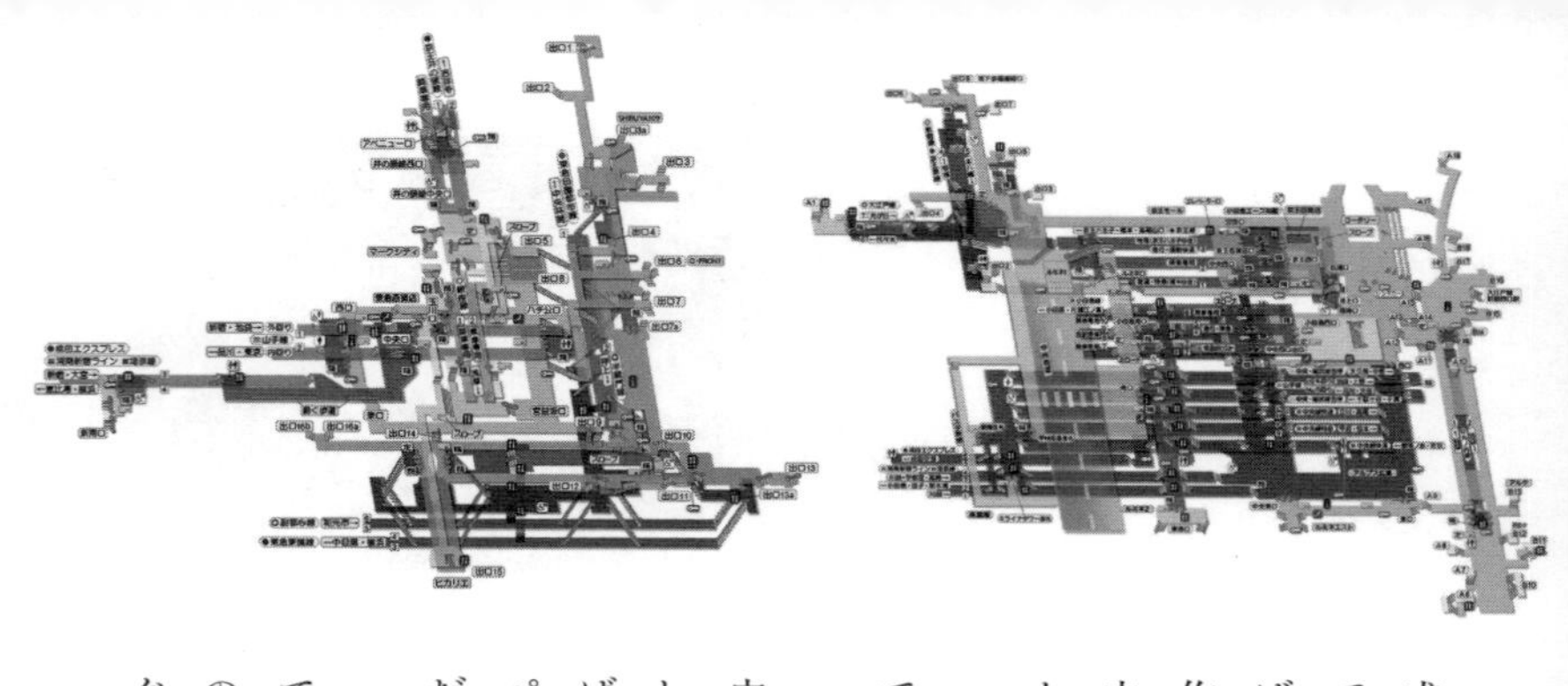

成予想図が一度も描かれたことのない駅である。これは本来大型の駅を造ることに適している平坦地ではなく、谷地に計画されたことからくる結果なのである。たとえていえば、狸と狐と兎と土竜と蛇と川獺の六種類の動物が谷状の狭い土手にそれぞれの巣穴を作ってできたようなものだ。銀座線を土竜にたとえると、ここでは珍しいことに土手の中腹から突然巣穴が顔を出している。一階の谷底にだけは線路が走っていないため、みんな一階に出るのでホームの延長としてのあのスクランブル交差点ができた。

各鉄道会社は皆自分の巣穴を作ることに汲々としていてとても効率的なように見えているが、全体としては一つの駅としてのまとまりがない。つまり六人の駅長はいても、一人の渋谷駅を代表する駅長がいない駅なのかもしれないと思えてしまう。動物の巣穴には一つの鉄則があって、決して他の動物の巣穴と部分的にも共有することはない。しかし利用者は巣穴の主人たちとは違っていくつかのテリトリーを抜けていかなければならない。駅長がいないから駅に中心がなく、やたらに上下の移動が多くて共有のスペースがない。強いていえば、駅の外のスクランブル交差点が唯一の共有スペースなのだ。

新宿駅図8のように、平坦な土地にいくつもの路線が集まって平行なプラットホームができる場合は、上を跨いだり地下道を通ったりしてやがて出口から出るか駅ビルに入るので、人が分散してスクランブル交差点のような場所ができないが、渋谷駅図9は上を跨ぐことも下に潜ることも地形上の理由からできないので、一階の谷底に人が溢れることになる。これは「一つの駅」ではなく、六匹の動物が作った巣穴のように「六つの駅がたまたま一カ所に集まった駅」であり、永久に生成変化し続ける現象としてのメタボリズム*の象徴となっている 図10。

四　江戸はなぜ格子状の都市にならなかったのか

山もないのに坂道の多い街

江戸に坂道が多いのは武蔵野台地の侵食によってできた山の手と下町を緊密につなぐ必要があったからで、山が多かったり起伏が多かったからではない。長崎や尾道も坂道の街といわれるが、それは後ろに丘や山があったからで、江戸とは全く理由が違う。東京都二三区の最高峰は愛宕山の二五・七mである。愛宕山をはじめ飛鳥山、上野の山、麻布山、御殿山のように、山と名のつく地名が海岸沿いに多くあるのも、この侵食によって地形が削られて山のようになったからだ。

　このように山の手と下町はわずか二〇m足らずの高低差であったために七〇〇もの坂の地名が残ることになった。二〇mの高低差ということは、勾配を考慮すると一〇〇mほどの長さの坂道となりちょうど一町のスケールとあっている。麻布十番の大黒坂のように途中から一本松坂に変わりそのまま進むと南部坂に出るというように、一つひと

（前頁右）**図8**　新宿駅構内図
（前頁左）**図9**　渋谷駅構内図

＊ Metabolism, 新陳代謝

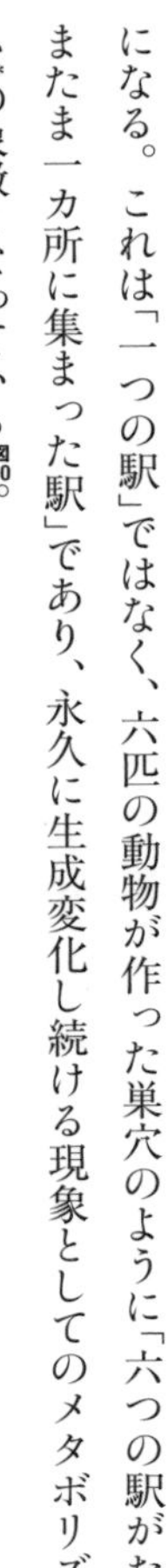

図10　渋谷駅の風刺画／團紀彦

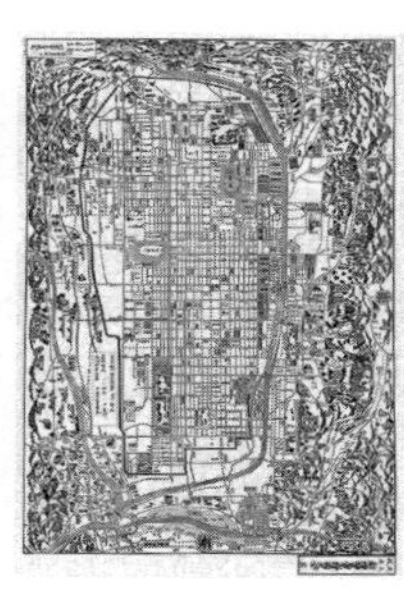

図11　京都古地図

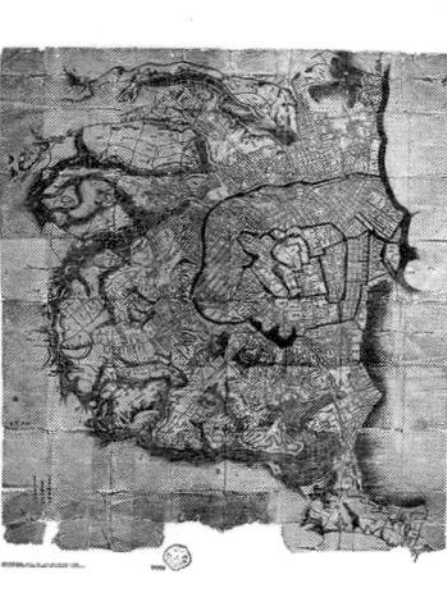

図12　江戸全図。珍しく開析地形まで描かれた初期の江戸全図

つが短くこのことからも地名としての坂道として名前がつけられていたことがわかる。

東京では家の前の通りの名を誰も知らない

今でもほとんどの東京の人は、京都図11と違って自分が住んでいる家の前の通りの名を誰も知らない。それは格子状の街路が少なく生活の役に立たなかったからだ図12。一方、坂道は高低差がそんなものだから大変短く、たくさんできて場所を示すのに便利だった。団子坂や菊坂といえばどこか皆すぐわかったはずで、一〇〇〇以上あったとされる町名と組み合わせれば通りの名前は必要なかったともいえる。また富士見町など富士のつく地名が多いのは、そこから駿府の方向にある富士山を拝めたからで道はそこを避けるようになった。目黒元富士や目黒新富士のようにわざわざ富士山のミニチュアを造り、その近景と富士の遠景を重ねてみることが流行って二〇〇カ所もの小さな富士ができたのも、このような富士信仰があったからだ図13。

このようにして江戸東京は、サンフランシスコのように起伏を物ともせず、上からグリッドパターンを被せた街とは全く異なる都市景観を生み出すことになった。五街道も江戸城から放射状に伸びており、江戸城の堀は螺旋状、入り組んだ開析地形の山の手と下町、富士の見える丘は道が迂回し、鬼門と裏鬼門の対角には寛永寺と増上寺を置いて魔除けとした、といったようにどれを見ても碁盤の目の幾何学とは相反することばかりだったことがわかる。碁盤の目の街路網は日本橋や埋立地などの部分的な場所にしかあ

図13　目黒新富士、歌川広重「名所江戸百景」

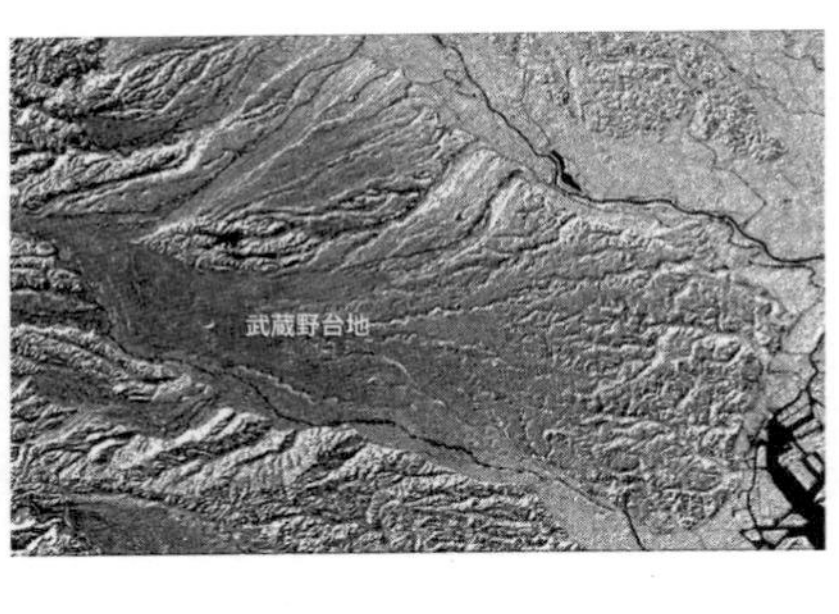

図14　武蔵野台地の浸食／国土地理院

まり見当たらない。

今でも住居表示で目的地にたどり着けない最たる街が東京であるのもこのためだ。山の手の地形と入り組んだ谷戸、富士山が見える小さな丘、わずかな高低差をつなぐいくつもの坂道など、微地形といわれるわずかな地形的な手がかりが江戸東京の成り立ちに大きく関わっている。この江戸の計画の手がかりとなった微地形や坂道は、その後東京の都市化が進み、ビルの谷間にうずもれて見えづらくなってしまった。

五　山の手と下町

手の形をした地形

武蔵野台地[図14]の東端部の江戸湾沿いは、縄文海進と呼ばれる海面の上下動のために侵食されて、開析地形と呼ばれる開析台地と開析谷からなる手の形に似た地形ができた。武蔵野台地は海に近づくほど侵食が激しくなり手を開いたような形になり、手の甲の上を山の手、指の間を谷戸または下町と呼ぶようになった[図15]。この開析地形は日本の本州、四国、九州の海岸線のどこにでも見られるもので、鎌倉もこの地形を利用した要塞都市となっている。

図15 開析谷は谷戸と呼ばれ、下町の原地形となった

ただ江戸と大きく違うのは、源頼朝は鶴岡八幡宮から海に向かう中央軸線としての若宮大路を設け、その左右の枝葉状の谷戸に御家人を住まわせて開析台地の上は開発しなかったのに対して、江戸は家康が山の手を旗本などの武家地、谷戸に水田または町人地を設けた。一番大きな山の手は太田道灌の城を拡張した江戸城、一番大きな下町はすぐ東に隣接した日本橋。日本橋周辺には掘割を縦横に設けて江戸湾との水運に利用した。麻布十番なども台地の上の山の手は旗本地、谷戸に町人地を設けてセットで都市防衛を考えた。だからどこが山の手でどこが下町かは場所の問題ではなく地形によるもので、そこここに分散しており常に両者は坂道によってつなげられていた。

桶狭間

これまで注目されなかったことだが、桶狭間もこのような開析地形だったことが地形図からわかる図16。台地の上の雑木林を少人数の織田勢が密かに進み、二万の大軍を率いて谷戸の湿地を長く伸びて行軍していた今川義元の本陣に奇襲攻撃をかけて大将を囲んだことが想像できる。折からのにわか雨でぬかるんだ谷戸に馬の足が取られてついに大将が討ち取られた。家康は今川方でこの様子を見ていたはずなので、江戸の地形を見たときにそのことを思い出したはずだ。やり方一つ間違えれば致命傷を負いかねず、うまく使えば利があると思っただろう。桶狭間の地形は江戸の造営にも影響を与えたのではないか。

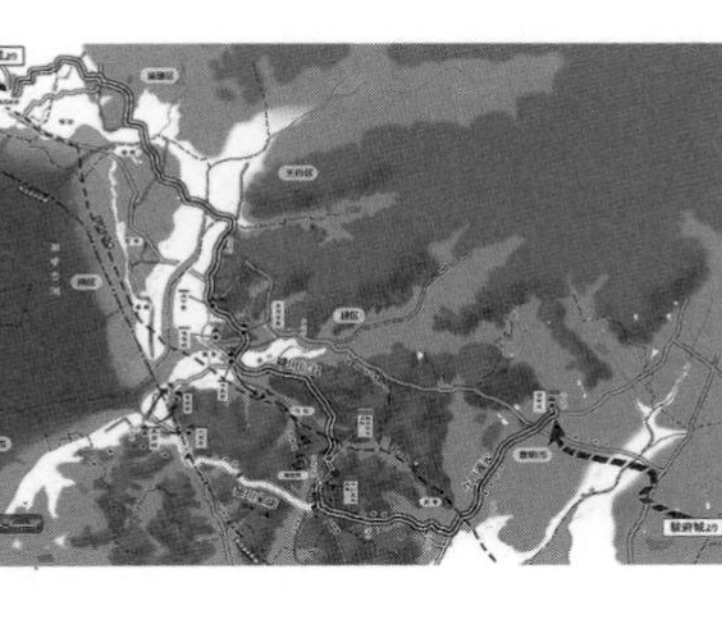
図16　桶狭間の地形／ＮＰＯ法人桶狭間古戦場保存会提供

家康にとって源頼朝、織田信長、武田信玄は特別な存在だった。頼朝は関東武者の棟梁としての先人であり、本人も海道一の弓取りを自認していて尊敬もしていたからだ。信長は最も恐ろしい主君でもあり同盟者、信玄は殺されかけた最も恐ろしい敵としてだ。かつて信玄が死んだとき家臣に喜ぶものがいて、それを戒めたという話が残っている。このような敵が隣国にいたために、日々怠ることがなかったので敬意を表し死を悼むべきだと。家康は信玄の家臣団の一部を冷遇せずに、信玄亡き後に水戸藩に召し抱えている。

城壁のない都城

都城としての江戸の造営は、こうした人物から学んだことの集大成として見ることができる。鎌倉はまだ城と天守閣を持たぬ時代だったが、江戸は江戸城を都市のシンボルとしたことや、谷戸の奥は追い詰められれば危険なだけでなく湿度が高く居住に適していないので、台地の上を武家地として開発する改善手法をとったこと。信長からは桶狭間のような開析地形の戦術的利用法と、安土城のような象徴性の高い天守閣を持つ城の戦略的な力。信玄からは城壁を設けずに防衛を固める組織の考え方。日本の都城が都市城壁を持たなかったことは上田篤氏の著述に詳しいが「人は城、人は石垣、人は堀、情けは味方、仇は敵なり」という信玄の言葉は、いかなる強固な城を造っても結束力を持たずに人心を失えば滅びるという意味で家康の江戸造営にも大きな影響を与えている。

六　今は消えた東京三大スラム

東京三大スラムはどこにあったのか

今では明治期の東京に三大スラムと呼ばれる場所があったことを知る人は少ない。それどころかその場所を聞いて東京に住んでいる人で驚かない人はいない。一つは今の浜松町駅の西側にあった芝新網町、二つ目は今の上野警察署あたりにあった下谷万年町、そして三つ目の最大のスラムが四谷鮫ヶ橋である。そこはちょうど明治記念館の裏手、東宮御所の向かい、学習院初等科の隣、赤坂離宮とも近い場所で、この一等地になぜ明治期最大の貧民窟があったのかと首を傾げてしまう。『江戸名所図会』にも四谷鮫ヶ橋を描いたものがあるが、ここにもその手がかりになるものはない。

四谷は読んで字のごとく谷がいくつか走っており、ここ千日谷周辺も元は湿地帯だった。谷戸は湿気が多く乾けば埃が舞い立つ住みづらい場所だったので、家もまばらではじめは八軒長屋と呼ばれた。江戸の初期には火葬場があり、江戸城拡張工事のため集団移設された寺も多く集まっている。そのうち岡場所*ができたといわれているが、スラムとなったのは明治になってからだ。

東京が最も荒廃していた明治元年

幕末から明治にかけて江戸東京の人口はおよそ一〇〇万人から五〇万人に激減し

＊幕府公認ではなく、非公認の遊廓のあった場所を指す。

図17　四谷鮫ヶ橋の細民街、明治初期

た。これは江戸で起こるとされていた明治新政府軍と徳川幕府軍の戦火を避けて皆国へ戻ったことと参勤交代が終わったからだった。明治元年(一八六八)頃の東京は荒れるに任せたひどい状況で、江戸城内にも浮浪者が入り込む始末だった。やがて鮫ヶ橋は行き場のなくなった浪人や無宿者などの貧窮者たちの吹き溜まりになった図17。この年明治新政府では、大阪に遷都するか江戸にするかで議論が起きていた。最終的に江戸を改めて東京として新首都とした理由は、大阪遷都に京都の公家が猛反対したこともあるが、大阪は首都にしなくても自律可能だが東京はこのままでいくといっそう荒廃するからという理由もあったからだ。

明治天皇が最終的に、今日のように江戸城を皇居として京都から移り住んだのは明治二年になってからだ。維新当時の東京の人口五〇万人というのは新潟県の一四〇万人よりもずっと少なく、七割が武家地だった大都市江戸は明治初期には一時的に桑畑と茶畑を奨励する田園地帯となった。しばらくするとまた大都市に戻るのだが、とにかく武士が国許に帰り四民平等となった明治初期の東京には権力の空白が生じていた。こうした理由で明治初期に発生した東京のスラムだが、日本では江戸から今日にいたるまで西洋の諸都市でよく行われたスラムクリアランスという都市政策が実行された形跡はない。

ニューヨークなどでは、スラムの指定を受けるとそのエリア全体が取壊しの対象となり、新たなニュータウンが造られてそこに住民が移住させられる。このニュータウンの治安が悪化して再びスラム化した例は後を絶たず、スラムは都市にとって切除されるべき恒常的な悪性腫瘍のように捉えられていた。日本でなぜこのことが起こらなかったかといえば、特定のエリアに発生した細民街は状況が変われば他に移っていく現象であり、あたかも森に神が「宿る」ことと同様に「貧困」もまた宿ってはまた消えていくものだったからだ。

図18　野口幽香

二葉保育園

貧民窟には残飯屋というものがあり、下谷万年町は浅草近辺の繁華街、芝新網町は築地の海軍兵学校、四谷鮫ヶ橋は今の防衛省のある市ヶ谷の陸軍士官学校が主たる残飯の調達源だった。このあたりの描写は、実際にこれらの細民街に潜入し生活をともにした松原岩五郎の『最暗黒の東京』に詳しい。鮫ヶ橋は、今は南元町という町名になっているが、そこに二葉保育園という保育園がある。

これは明治の頃、今の学習院付属幼稚園の先生でキリスト教徒でもあった野口幽香が、この場所を通ったときにこの貧民窟の路上で遊んでいる幼児たちを見て胸を痛め、仲間とともに設立した貧民幼稚園がその前身となっている図18。これらのスラムは日露戦争のときの土地高騰の煽りで、そこにいた細民たちはやがて他の場所への移動を余儀なくされて貧民窟は消滅していった。今はその痕跡すら残ってはいないが、ひっそりと建つこの保育園だけはそうした往時の人の高い志を今に伝えている。

七　渋沢栄一と弾左衛門

非人頭弾左衛門

弾左衛門とは、鎌倉時代から続く関東一円の士農工商の下の最下層民として知られる穢多非人を統括する非人頭のことで、徳川家康より正式にその役職を安堵されていた。最下位の武士だった弾左衛門は襲名で、浅草に広大な屋敷とともに専用の居留地、裁判所（白洲）や牢獄なども持っていた。死人の片付けと牛馬の遺体処理、革製品の専売と加工、灯芯の交換などの利権を持ち、囲い内には猿回しや乞胸（ごうむね）と呼ばれた大道芸人集団を住まわせていた。猿回しは、武家の馬が病気になると病が「去る」ことを祈祷して猿とともに舞ったので、最後まで弾左衛門の配下にいた。幕末に鳥羽・伏見の戦いに加わり幕府側に協力した功績により、願いを認められ苗字を与えられて平民となった。

路傍の遺体片付けなどは、海外の使節団に東京の恥部を見せぬようにするためであり明治新政府も弾左衛門を必要とした。しかし非人階級への裁判権と皮革品の独占権は認めなかった。このため第一三代の最後の弾左衛門は、新政府が必要とした西洋式の革の軍靴製造の会社を興して手下に技術を教え、自立を見届けたあと静かにこの役職から身を引いた図19。関西の被差別階級が天皇家と結びついていたのに対して、関東は武家政権の統括下にあったために権力の消滅とともに消えるのも早かった。関西に対して関東が

図19　最後の第一三代弾左衛門

この問題をあまり引きずっていないのはこのためである。

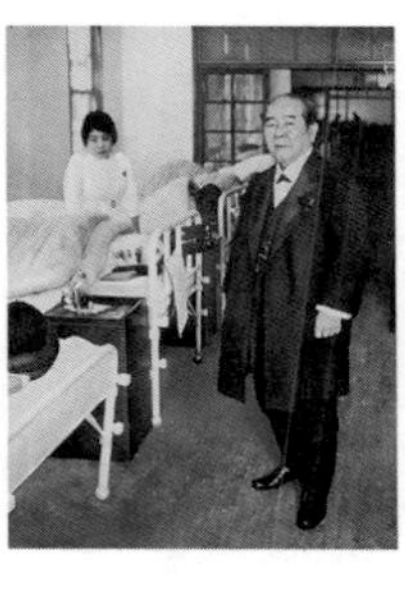
図20　明治期の渋沢栄一／渋沢史料館所蔵

渋沢栄一と養育院

明治二年（一八六九）の明治天皇の最終的な江戸城への東遷に続き、明治五年ロシア皇太子の来日に際して、帝都東京の体面を保つための路上窮民対策が必要とされていた。弾直樹と名を改めた弾左衛門の役割は三田、白金、麹町などに設立された貧窮院という名の細民救済所の運営に協力することだった。

渋沢栄一は最後の将軍徳川慶喜に仕えた幕臣だった。東京証券取引所や理化学研究所をはじめ、田園調布の都市計画や王子製紙など七〇〇に上る会社を設立しながら財閥を作らなかったこの人が、もと非人頭の弾左衛門と協力して孤児や介護を必要とする老人や病気で仕事をすることができない細民たちを保護する養育院の初代の責任者となった図20。この施設について、たびたび議会において貧窮者に公費を持って援助することは甘やかすことにつながるので閉鎖したほうが良いという意見が出されたが、その都度渋沢は何も好き好んでこうした境遇になったのではないから援助は継続してほしいと説得を続けたといわれている。これは今日、東京都健康長寿医療センターとして存続している。

江戸の後始末

あまりにも多くの業績を残した人は時に実際の業績ほど理解も評価もされないことがあるが、渋沢栄一はその典型だといえる。それだけ多くのことをしたモチベーションが見えづらいことが多いからだ。しかし、この人物の貧民救済に対する生涯を通じた貢献は、それ一つだけをとってみても尊敬に値するものだ。二人の共通点は最上層と最下層の違いはあったが、江戸幕府に抱えられていた最後の侍だったことだ。江戸の後始末をこの二人が行ったことは象徴的なことだといえる。古い時代に取り残され、新しい時代にもついていけなかった江戸の細民たちを放ってはおけなかったのだろう。歴史の転換期の糸の結び目にこうした人たちがいたことは語り継いでいくべきものだと思う。

八　消えた街ワシントンハイツと表参道

東京大空襲

ワシントンハイツは、一九六四年の東京オリンピックのために建てられた丹下健三設計の代々木体育館と代々木公園までを含む敷地に、一九四六年から一九六四年までの一八年間だけ建っていたアメリカ進駐軍の住宅地のことだ。アメリカ軍による東京への空襲は、一九四四年一一月一四日から敗戦の八月一五日まで計一〇六回行われたが、

図21　戦前の表参道

特に東京大空襲と呼ばれるのは一九四五年三月一〇日の下町大空襲と五月二六日の山の手大空襲のことで、下町大空襲の場合はひと晩で一〇万人の死者を出す原爆以外の単独爆撃によるものとしては世界史上最大の惨禍となった。表参道周辺も山の手の空襲によって九三%が消失して焼け野原となった。

神宮とハロウィン

ワシントンハイツができたのはその翌年のことで、はじめは日本人の報復を恐れて周囲にはフェンスがめぐらされていた。次第にアメリカ人も街中での買い物をするようになり、子供のおもちゃなどアメリカ人向けのものということでキディランドなどができて、日本で初めてハロウィンの習慣を伝えることにもなった。こうして表参道はアメリカ人向けの商店街として、東京の街路の中でも復興が早かった。

もともと表参道は一九一二年の明治天皇崩御を受けて一九一九年に完成した明治神宮の参道として整備されたもので、もとより今日のようなファッションストリートとなることなど誰も予測しておらず、またそうした趣旨の通りとして計画されたものでもなかった図21。表参道が明治天皇を祀る神宮への参道であり、その意味では戦前の天皇神格化のバックボーンとなっていた通りであったことを思うと、アメリカ軍によって灰燼に帰し、またそのアメリカ軍によって復興してインターナショナルな通りとして生まれ変わったことは歴史の皮肉としかいいようがない。

消えた街の遺伝子

表参道の道路幅は三六mと青山通りの四〇mとさほど変わらないが、歩道幅は青山通りの六mに対して八mあり、このたった二mの違いがあの大きなケヤキ並木を生んでいる。実はこの寸法は参道として計画されたからこそのものだが、今この道を神社の参道として見る人は少ないだろう。そして今や表参道が、ワシントンハイツという消えた街の遺伝子を持っていることを知る人もまた少ないに違いない。

九　日本の街並みの混乱と石原慎太郎のゲロ発言

ゲロ発言

以前、故石原慎太郎氏が東京都知事だった頃、建築家協会で講演した際に日本の街並みについて「ゲロのようだ」といって講演会場が騒然となった。いろいろな建物の設計や建設に携わってそれらを誇りに思っている人たちがオーディエンスだったので、ショックを受けたに違いない。せめて「まずいごった煮」とでもいったほうが良かったのではないか。それならば、いずれもっとマシになる余地もあるからだ。また都知事ならば、東京都二三区の電柱地中埋設率七%という国際的に恥ずべき数字を少しでもあげてほしかったなどと、その他の都市景観の問題を取り上げるべきだとする意見もあった。電柱地中埋設率についてはロンドン、パリ、香港などは一〇〇%で、台北が九五%、シンガポールが九三%、ソウルが四六%、ジャカルタが三五%という数字を見ても、いかに東京都二三区の七%が遅れているかがわかる。

このようにあまりにも核心をついた発言だったために話題騒然となったが、私はこの周囲に忖度しない石原慎太郎氏のゲロ発言には基本的に賛成である。私も日本の街並みが海外の都市と比べて著しく美観が劣っていることは学生の頃から強く意識していたし、「これはいかん」と今でもずっと思い続けている。不思議なことに日本の現代建築は単体で見ると国際的にも高い評価を集めているし、伝統建築も法隆寺や桂離宮をはじめ素晴らしいものが多いのに、現代の街並みともなるとなぜ「ゲロ」などと絶望的な発言が出るほどひどくなったのか。たとえ電柱を地中埋設しても、街路樹で隠しても今のままではどうしようもないといえる。

都市防災と美観

江戸は明暦の大火などの大火事が数年おきにあり、関東大震災のときも九割の犠牲者が火災による焼死者で、東京大空襲ではひと晩で一〇万人もの命が木造建築の火災でなくなった。永年の悲願だった都市の不燃化の問題は急務であり、とにかくコンクリート建築に置き換えることが必要だった。ヨーロッパの石造建築をコンクリートや鉄骨造に置き換えるにはそれほど古典主義の美学を壊さずに移行できたが、木造の繊細な伝統はそう簡単ではなかった。日本建築をコンクリートで造ってくれといわれると、やはり抵抗があるのは日本の伝統建築は木造文化とは切り離せないものだからだ。

鉄筋コンクリート造の発明と現代建築＝モダニズムは密接に結びついており、このことから東京の建築の中でモダニズム建築が占める割合は世界的にも高い。しかしこれは、モダニズムの精神を導入しようとしたからではなく、不燃化のためだったといえる。東京の不燃化が都市の中心部でほぼ完成したのはまだ五〇年ほど前のことであり、それまでは疫病対策や後藤新平の努力による区画整理や都市の不燃化などを優先せざるをえず、美観どころではなかったのではないか。「まずいごった煮の街」から脱却して、防火性能と耐震性能を具備した真の美しい日本の街並みを造るのはこれからなのだと思う。

II 日本の都市景観

図1 東京の航空写真

図2 パリの航空写真

**都市を文章に喩えるとすれば建築は一語一語の単語に相当する。
そして単語がどれほど魅力的でもそれが文脈の中で生かされて、
文章に文法と脈絡がなければ美しい街並みはできない。
単語にはさまざまな歴史的、文化的ルーツや語源とのつながりがあり、
それらの多元的な言葉の集積が都市を形成している。
パリと比べて無秩序に見える東京には、
はたしてどのような文化的・物理的文脈が隠されていて、
そしてどのような発展の可能性があるのだろうか。**

一　南向き志向の強い日本の都市

現代の日本の都市、たとえば東京はパリなどの西洋の街と比べればおもちゃ箱をひっくり返したような混乱した様相を示しているように見える図1,2。まず空から見ると東京は街路がはっきりと見えない。これは道路幅に応じた斜線制限や容積制限といった日照条件の均等化などから建物の高さがまちまちであるからで、パリは高さや壁面線が揃っているからはっきりと街路が見える。パリでは道路幅とは関係なく建物の高さが統一されているのに対して、東京をはじめとする日本の都市では南向きへのこだわりが大きく、それが都市の景観を大きく変えている。

日本の都市、特に東京では東西に走る道に面して北側と南側に対面するマンションの街並みがあったとすると、道の北側の住居は道路側が南向きであるため道路側にリヴィングルームや寝室などの居室を設けているが、南側の住居は道路が北側にあるために道路には背を向けて廊下側を設けてしまうことがよく見られる。これではパリのように、街路に面して左右の建物のファサードを揃えて街並みを統一することは不可能になる。

不動産価値も同じ広さであれば南向きの住戸のほうが価値が高いとされる。この現象は特に日本において顕著であり、欧米や中華文化圏など日本以外の都市では街路を整えるための都市の論理を優先させるため、日照の論理を優先させる日本のように道路に面して建物の背を向けることはない。実は日本では庭に関しては北向きのほうが美しく見えるとよくいわれる。庭先の木は逆光で見るよりも、背後からの南の光を受けたほうが美しく見えるからだ。ただし自分の建物が低い場合に限る。高いマンションになれば大きな自らの影を北側庭園に落としてしまうのでこの論理は通用しない。

東アジアの中でも日本はこうした南向き志向が強く、統一性のとれた街路空間を道の両側のファサードで造ることがなかなか実現できない。中国と台湾などでは、さらに住居の内部の部屋の配置が日本とは根本的に異なっている。中華文化圏の住居では入り口を開けると、まず大勢の客を招き入れるためのリヴィングルームがなければならない。ここには外の景色を見たり光を取り入れる必要すらない。一方、日本の従来の住居では玄関は狭く、廊下の奥に行って初めて庭に面した南向きの居間が現れることが多い。

レストランでも日本の場合には外の景色が重視されることが多いが、中華文化圏では円卓を囲んで会話を楽しむことが優先されるため、外の景色はあまり重視されない。窓のない飲食店が多いのもこのためだ。このように生活習慣の違いが建築のプランに影響を及ぼし、さらには都市景観にまで影響を与えていることは興味深い。今、都市中心部は中高層化が進み、この日当たりの論理は崩れつつある。しかしこうした南向き志向の強い価値観は、高層化して環境が変化しても旧来の法規制として残ってしまうために、総体としての都市空間に不整合が生じることがよく見られる。

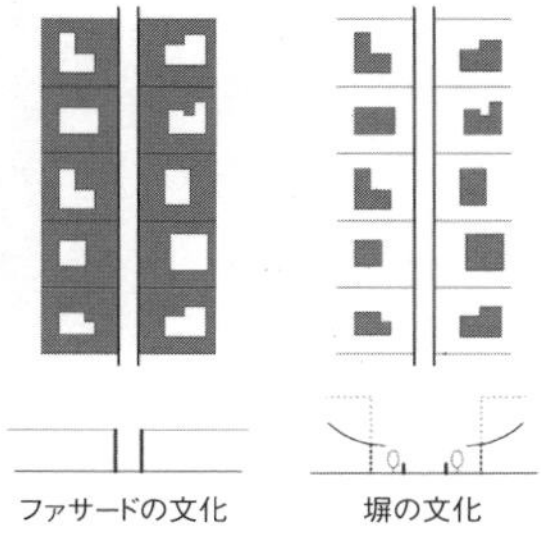

塀の文化・ファサードの文化

日本の街並み混乱のもう一つの理由は、塀の文化とファサードの文化の混在にある図3。江戸東京では、旗本や寺社は比較的広い山の手の土地に塀で囲まれた建物を建てた。庭には池や庭石を織り込んだ庭園を造り、四方からの通気と採光ができた。一方、庶民の住む長屋では家と家の間隔はほとんどなく密集しており、家の中は暗く常に火災の危険にさらされていた。このために、明治になったときにはこの劣悪な長屋をかなぐり捨てて、こぞって庭付き一戸建てを求めた。

関西では少し事情が違う。京町家では、日本では珍しく細長い土地の中に中庭を設けていたので、ここから通気と採光が可能となった。江戸の長屋が貧しさの象徴であったのに対して、上方の町家は富める者も貧しき者も比較的この形式に住んでいたことと、隣地との間に共有の防火壁を設けるなど防災上の配慮もなされていたことから、比較的近年まで残されているケースも多い。

日本の都市住居は、特に江戸では屋敷はすべて塀の中に建てられていたので、通りに面していたのは常に塀のほうだった。塀の内側はプライベートゾーン、その外側はパブリックな場所ということになる。そうすると街に対する顔は「塀」が作ることになる。したがって日本の伝統建築の外壁は、障子一枚で縁側を介して庭とつながるプライベートの内部とプライベートな庭の間に設けられた繊細なスクリーンということになる。一方ラテン系の西洋の街では、市街中心部に塀を設けた家はほとんどなく、パリなどは内部

図3　塀の文化とファサードの文化

と外部、プライベートとパブリックを分けるものは全てファサードと呼ばれる分厚い壁だけである。

日本の都市ではこの木造時代の価値観を引きずりながら、実際にはコンクリート建築の中高層化が進んでも、同様の建て方をしたためにおもちゃ箱をひっくり返したようになった。厳密な意味で、日本には西洋のいうところのファサードという概念はなかったといえる。ファサードは西洋では私有財産の切断面ではなく、半公共半私有の、衣服でいえば自分のものでありながら都市の財産としてのファッションのようなものだ。ローマ都市から二〇〇〇年以上の歴史を持つファサードと、一度もファサードの経験を持たなかった文化圏の建築の外壁がいきなり都市空間に露出した結果が、今日の日本の街並みの混乱をもたらしている。

中庭式と非中庭式の住居タイプ

もう一つ、**図1、2**のパリと東京の航空写真の比較から見えてくることがある。それは都市型建築物として中庭を持つ住居形式を主要なタイプとして持っているか、非中庭式住居であるかどうかという点である。パリの写真をよく見ると、大型の中庭型の建築物で都市の街区の全てが構成されていることがわかる。一方、東京の航空写真には中庭型の建築が全く見当たらない。京町家に坪庭という名の中庭があることが日本では例外的だといったのはそのためである。中庭形式と非中庭形式の住居の淵源をたどると古代にまで遡らなくてはならない。

日本列島では今から六〇〇〇年前の縄文期とされる時代は今よりも二度ほど平均気温が高く、海水面は一〇mほど高かったが、その後寒冷化と温暖化のより戻しが交互に起こり、武蔵野台地などではのちの山の手と谷戸につながる開析地形が形成された。こうして弥生時代には海岸線が後退し、沿岸部に多くの湿地帯ができて稲作農耕に適した場所が出現した。

人類の住居のタイプはさまざまであるが、北方ユーラシアの騎馬民族は古来パオに住み、常に牧畜のために牧草地を求めて移動しつづけている。この移動式の住居は今でも遊牧民の間で受け継がれている。それより少し南の黄河流域の畑作農耕地帯は乾燥した地域が多く、中庭形式の住居が発達した。これは農村地帯の単独住居でも都市部の集合化した街区でも、元来は同一の住居のタイポロジーから造られていた。これが四合院の伝統的な中国の中庭形式となった。この乾燥地帯特有の中庭形式は東は中国から、イランを経て中東、北アフリカ、地中海沿岸からスペインにかけて広く分布する。

これに対して南の東南アジア、日本を含めて中国大陸南部の揚子江流域からメコン川流域の稲作農耕地帯にかけては、木造による高床式建築物が造られた。高温多雨の湿潤なエリアは稲作に適しており、あたり一面に水を張ることからも床を上げることは理に適った住居形式だった。日本列島の住居は弥生時代の稲作農耕の流入以来、ほぼこの高床式住居形式を採用して今日にいたっている。パリと東京の航空写真の比較で両者が著

しく違って見えたのも、こうした建築形式の起源から民俗学的に見れば至極理解しやすい流れだといえる。

図4はイランのイスファハンの中庭式住居による街区、**図5**は日本の住宅地のものである。これを見てわかるように、中庭形式の住居は密集して境界壁を共有しても、中庭側から採光できるという点が特徴となっており、後者の特徴はある一定以上過密化して外壁同士が迫ってきても、外壁を隣家と共有することは困難であるという点だ。非中庭式住居は四方の外壁すべてから外気と日光をとり入れる遺伝子が備わっているからだ。

一七四八年にイタリア人の都市計画家ノリが描いたローマの図を見ると、ヨーロッパの伝統的な都市がいかに基本的には中庭形式に基づいて発展していたかがわかる**図6**。図の示す通り、建築のファサードは敷地いっぱいに建てられていることがわかる。パリもローマ同様のラテン系の伝統的都市であり同様の考え方に基づいている。内側の中庭は街路空間に準じたパブリック性を持ち、内側からも光を採り入れることができるということから、街路側のファサードは比較的窓の大きさなどを抑制することができることにつながっている。このためにパリをはじめとする都市建築のファサードは、街並みの連続性を感じられるようにデザインコントロールをすることが可能となっている。

一方、日本の伝統的な塀の文化の街では、建築の外壁ではなく塀のほうが外部と内部を隔てる防犯上の役割を果たしており、また外からの見栄えにも影響するために生垣、信長塀、土壁、竹垣などさまざまな表情が生まれた。**図7**は架空の図であり、**図6**の白黒

（前頁右）**図4**　イラン・イスファハンの住宅地
（前頁左）**図5**　密集した日本の住宅地

図6　ノリの図

図7　ノリの図の反転

を反転させたものだ。この図が興味深いのは架空の図であるにもかかわらず、日本の街のような塀の文化の街に見えてくることである。これをもう少し単純化したものが先に示した**図3**になるが、日本の街と西洋の街はあたかも電極の＋と－の関係のように真逆だということで、両者の連続的な融合はほとんど不可能だといえる。塀の文化の街では街路からはまず塀が見えて、その向こうに植栽が見え、そのさらに向こうに屋根の軒が見えるといった景観の構造を持っている。

要するに、建築は屋根と軒くらいしか見えないというバランスの中で、日本建築の街並みの美学が築かれてきたといえる。こうした層状の重ね合わせによる境界領域のデザインに日本の伝統的な美学が込められていたわけで、これが建て方だけは伝統を守りながらいきなり十数階建てのマンションの立面が露出したところに日本の都市デザインと景観の混乱が現れている。良い伝統を守ることは好ましいことではあるが、容積率の上昇など状況が大きく変化した場合には、伝統は因襲にもなりうるという点に目を向けないと本当の意味でのこれからの文化を築くことは不可能だといえる。

二　パリの大改造について

一九世紀半ばから後半にかけて大改造が行われたパリは、ナポレオン三世の指示で当時のセーヌ県知事オスマンの手によって造営されたものである。この街はモダニズム以前のヨーロッパの新古典主義の粋を全て集めて造営されたといっても過言ではない。それ以前の旧来のパリは曲がりくねった狭小な道が多く、一人当たりの占有面積も下町では一〇㎡程度と狭く低層階は日当たりも悪かったために、街路を広くとって光を入れるとともに通気を良くする都市政策をとった。また下水道は完備されておらず、ローマ時代以来のラテン都市の特徴として道路の中央の溝に糞尿が流れていて街路にはいつも悪臭が漂っている状況であったので、コレラなどの疾病の蔓延を食い止めることができなかった。

オスマンは強制収用法を適応して街区を再編しながら狭小な街路を直線上に広くとり、上下水道を完備して都市衛生の向上を図った。また当時、政府に不満を持つテロ組織の温床となっていた路地の奥を開いて直線状にすることにより放射状街路によるネットワーク化を図り、テロに対しての軍隊による一斉射撃を可能にするようにして都市防衛能力を強化した。当初、パリ市民の中にはこの強引な都市改造に批判的な人たちも多かったが、次第にオスマンによって改造された街区のほうが都市の衛生化が図られ、治安も良くなり、一階の商店も成功することがわかってきた。これによって払下げの際の不動産価値が上昇したことで、買取り価格との差益が増大してパリ市の財政黒字は一〇倍にも膨れ上がった。

パリがわずか三〇年で既存の街をこのように改造できたのも、こうした近代的なディ

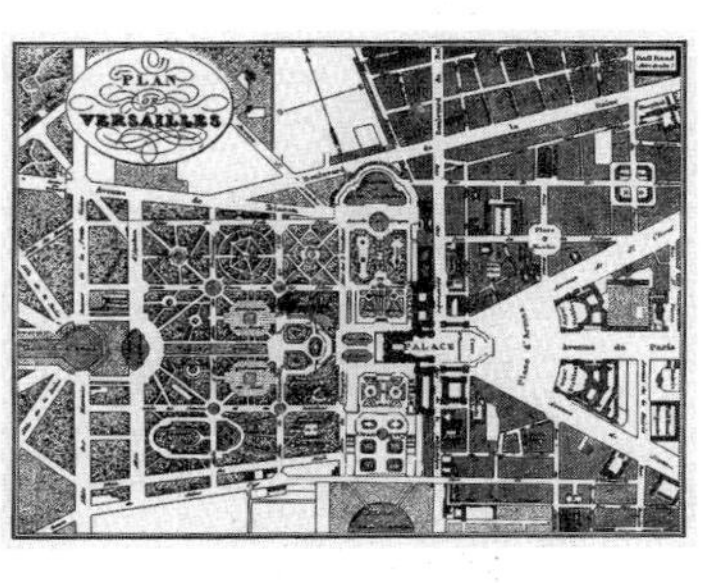

図8　ヴェルサイユ庭園計画図

ベロッパーとしてのオスマンの都市政策が成功して各エリアからの開発要請が殺到したことによる。パリ改造から二〇〇年前のヴェルサイユ庭園で、当時樹木の中に放射状街路を造営したルイ一四世の実験がついに都市の街区に適応されたといえる図8。これは、庭園のほうが都市計画よりも先行して一つの美学が試みられた例であり、ヴェルサイユ庭園とパリの関係はそれをよく示している。

ルイ一四世は一六四八年に、フランス王立アカデミーの附属学校としてその後パリの造営を支えた人材を輩出した建築学校エコール・デ・ボザールを設立している。こうして見ると、パリはルイ一四世の執念が創り出したローマ以来最も完成度の高い伝統的都市であるとともに、その近代化に焦点を当てるならばローマ都市を初めて近代に生きる都市に改造した成功例だったといえる。しかし当時のパリに住む文化人たちの目は冷ややかだった。

特に文豪のヴィクトル・ユーゴーなどは、表だけきれいにして裏を隠しているだけだというコメントや、エッフェル塔を醜悪なモニュメントと批判して、エッフェル塔の下がこの塔を見ずに済むパリで一番良い場所だと揶揄した話は有名である。また、画家のユトリロが古き良きパリの裏路地をことさらに描き、オスマンのブールヴァールの絵を一枚も残さなかったのも、当時近代化された都市計画に取り残されたパリの昔のノスタルジーを描きたかったからだと思う。

よくパリの大改造をはじめとする西洋の統一された都市は、ルイ一四世のような強大な王権があったからできたという人がいるがそれは誤解であり、パリはナポレオン三世の時期に造られた都市であり、強制収用法を除けば現代とさほど変わらない議会制度が整っていた時期の所産であり、ルイ絶対王権からは二〇〇年も後のことなのである。パリ大改造の本質は前述したパリの財政黒字が跳ね上がったということにあったと理解するべきであり、近代ディベロッパーとしての最初の成功例ではないかと考えられる。パリをアンシャンレジームの象徴と見るのか、ローマ都市を初めて近代化した都市と見るかによってパリは異なった見え方をするのである。

ヨーロッパの都市文化

ヨーロッパは、ローマからの流れを汲むローマやパリやバルセロナなどのラテン系都市と、ロンドンやベルリンなどの非ラテン系都市に分けることができる。これはカトリックのエリアとプロテスタント系のエリアといっても良いかもしれない。一六世紀初頭のルターによる宗教改革によりキリスト教世界は二分されることになった。ローマ時代からのラテンの伝統を守るイタリアとフランス、スペイン、ポルトガルはカトリック側につき、非ラテン系の国々、特にイギリス、ドイツとフランドルはプロテスタント側になった。

前者によってその後アフリカ、アジア、中南米の植民地が建設されたのは、キリスト教世界が二分されたことに脅威を覚えたカトリックの総帥としてのローマ教皇が、まずはポルトガル王とスペイン王を動かして信徒拡大を狙ったからである。これが大航海時代のきっかけを作ったといえる。教会は大きく庶民の家々が小さいのがカトリックの街、教会は小さく家々が大きいのがプロテスタントの街とよくいわれるが、教会権力の大きなカトリックと、教会よりも聖書に戻ろうとしたプロテスタントとの違いをよく言い表している。

政治体制としての西ローマ帝国が、ゲルマン人ゴート族のオドアケルによって滅ぼされたのは西暦四七六年ということになっているが、その後も西ローマの社会体制とローマ都市は存続しつづけた。ゲルマン民族の大移動によって静かに征服されたローマ都市は、東ゴート族などのゲルマン人によって破壊はされなかったことになる。しかしローマ人から周辺異民族のゲルマン人のゴート族に覇権が奪われたことは象徴的であり、オドアケルを暗殺した後に後を継いだテオドリックも東ゴート族の王であったことを考えると、この五〜六世紀頃ローマ都市はそのままの形でゲルマン民族の統治下に入ったことがわかる。一〜二世紀に生きた古代ローマの歴史家タキトゥスが著書『ゲルマニア』の中で、このままでいけばいずれローマはゲルマン人によって取って代わられるだろうと述べた予言的警鐘が的中したことになる。

建築的には、ラテンにないものでゲルマン特有の建築様式にゴシック建築がある。中でもケルンの大聖堂は、第一期の教会は西暦四世紀に造られ、第二期が九世紀に完成し、一三世紀の焼失に伴って第三期が着手され、それが完成したのが一九世紀末だったので、現存する大聖堂は実に工期六〇〇年もかけて完成されたものである。しかし「ゴシック」という名称はイタリア人建築家ジョルジョ・ヴァザーリがルネッサンス期以前の建築を粗雑なという意味で呼んだ蔑称であり、ゴシックは「ゴート族」からとられた名称である。

ヴァザーリが生きた一六世紀にはすでに北フランスでアミアン、シャルトルなどのゴシックの大聖堂は完成しており、ヴァザーリが知らなかったはずはないのであるが、イタリア人の沽券にかけてローマを滅ぼしたゴート族の建築を認めたくはなかったのであろう。イタリアには今でも一つもゴシック建築がないのも頷けることだと思う。古代ローマからつながる文明は都市を残し、ゲルマン人はそれをそのまま受け入れながら、一方では石造であれだけ聳え立つ構造的に優れたゴシック建築を構築していったと理解できる。

ヨーロッパ文化はケルト人、ローマ人、ゲルマン人、ノルマン人の文化の古層が複雑に重ね合わされてできたものだが、ケルトのハーフティンバーの木造建築、ローマ人のローマ都市とロマネスク教会とルネッサンス建築、ゲルマン人のゴシック建築など、建築と都市の文化の中にはそれらの民族と文化の文脈が明確な痕跡として今日まで引き継がれているのである。他方、ギリシャとローマの関係については、当初ローマ帝国の建築文明の中ではギリシャはそれほど重視されていたとは思われない。

世界文明を統合したローマはローマでありギリシャではなかったからだ。しかし一四世紀のペストの流行とともに始まったイタリアルネッサンスでは暗黒の中世からの脱却が意識される中で、地中海の光としてギリシャの存在がよりクローズアップされるようになった。さらには宗教改革以降一六世紀から一九世紀にかけて国力を増大させてきたイギリスやドイツにとってみれば、ヨーロッパの文化的総本山イタリアとは宗教的にも産業的にも距離をおくようになり、いつまでもその後塵を拝することに甘んじていなかったことは容易に推測できるところである。

ギリシャ文化はそうしたヨーロッパの辺境国からいっそうヨーロッパの原点としての文化として称揚されるようになったと思う。ベルリンの壁崩壊以来EU連合として通貨統合をはじめフランス人やドイツ人などと国単位で自己をアイデンティファイするのではなく、ヨーロッパ人としてグローバルな視点を共有しようとしたことは大いに理解できるところではあるが、これほど文化的に異なる固有性を有する国家がひしめき合うヨーロッパにおいては、文化的に各国の文化的ルーツを否定して再出発することは困難であったに違いない。ナショナリズムという言葉が、ナチスをはじめとするファシズムによる傷としていまだ癒えない社会では、ナショナリズムとグローバリズムを超克する共生の思想のような第三の概念が登場しないかぎりその文化的行き詰まりは当分解消できないだろう。

三　モダニズムという名の分断

日本の都市に目を向けると明治維新までは日本固有の文化と中国および朝鮮半島由来の文化が大陸と半島の栄枯盛衰と相対的な関係を持ちながら醸成されてきたが、このような状況に変化が生じ始めたのは一六世紀に入ってヨーロッパで宗教改革が始まり、西洋世界が二分されたことから始まる大航海時代の波が日本まで押し寄せた頃からだといえる。鉄砲伝来やキリスト教伝来がこれに相当するものだが、建築や都市に直接的な影響が生じたのはやはり明治維新からだと考えられる。この頃は欧化政策がそのまま近代化を意味した時代だったので、三菱一号館を設計したジョサイア・コンドルをはじめとする西洋建築の導入などいくつもの足跡が残されることになった。しかし、西洋における現代建築の興隆に伴うモダニズムの導入が、鉄筋コンクリート構造を用いた都市の不燃化と連動しはじめた二〇世紀の第一次世界大戦以降の日本の建築の変化こそが、今日に至る最も大きな変化につながったといえる。その現代建築の牙城となったのがドイツのバウハウスである。

バウハウスは一九一九年にワイマールに始まり、一九二五年にデッサウに移り、一九三三年にベルリンで閉鎖されるまでわずか一四年の短命の建築学校だったが、この美学が全世界にモダニズム建築を拡散し、結果論としてボザールの建築を終焉に導くことになった。しかしその力の源泉はいくつかの両義性を持っている点にあったと思う。

図9　リオネル・ファイニンガーの木版画による『バウハウス宣言』表紙

一九一九年に発行されたワルター・グロピウスによる『バウハウス宣言』の冊子は、ドイツ系アメリカ人の画家リオネル・ファイニンガーのゴシック建築を彷彿とさせる木版画が表紙となっている図9。この木版画は「社会主義の大聖堂」と題するもので、聖堂の上に輝く三つの星は建築を頂点として絵画と彫刻をその下に従えており、各種の芸術工房が大聖堂の建築を支えるバウハウスの教育理念を強く示している。ゴシックの大聖堂と社会主義が合体したこの不可思議な構図こそ、当時のバウハウスが貴族主義的なボザール建築の文化に反旗を翻した社会主義の立場をとり、合わせてドイツゲルマンのナショナリズムに裏打ちされたシンボルだったことの証左ではないか。

これは歴史的に見れば、ローマの伝統の風下に長い間雌伏しながら独自のゴシックの建築文化を築いてきたゲルマンドイツの反ラテン主義のイデオロギーを示すものだと解釈することができる。この後半のナショナリズムは、当時台頭しつつあった国家社会主義を標榜したナチズムからも一定の理解が得られたかもしれないが、前半の社会主義がロシア革命とのつながりを示す可能性があったことと、ユダヤ人が教師と学生の中に多くいたことがのちのナチによる閉校につながった。その後バウハウスの教師たちはアメリカに事実上亡命することになる。ワルター・グロピウスはハーヴァード大学の建築学科長となり、ミース・ファン・デル・ローエはシカゴのイリノイ工科大学に行き、シカゴ派の鉄骨構造の高層ビル技術とモダニズムを合体してシーグラムビルのような現代建築に発展させた。アメリカ・ハーヴァード大学において著されたジーグフリード・ギーディオンの近代建築の歴史書『空間・時間・建築』では近代建築の原点をパクストンの水晶宮に求めており、バウハウスの社会主義的な側面は消去されている。ヨーロッパの文脈では、モダニズムのフラットな壁面はボザールの貴族主義的な装飾を排除した社会主義的な表現であったが、アメリカではマスプロダクションに乗りやすい資本主義社会で受け入れられる合理的な壁面として理解されるようになったのである。ここからがモダニズムの第二段階としてのアメリカにおける展開につながっていく。

日本では鉄筋コンクリート構造が都市の不燃化に有効であったという理由により、都市中心部では「モダニズム的」な建築物が多くを占めるようになった。しかしこのことが、塀に囲まれた木造建築の「塀の文化」と建物の立面が道路まで出てくるコンクリート建築の「ファサードの文化」の混在をもたらすことになった。なぜ日本では、木造の文化をその形を変えずに鉄筋コンクリート技術に置き換えることができなかったのか。そしてシカゴ派は、ボザール的な立面を鉄骨や鉄筋コンクリートで置き換えることができたのはなぜなのか。鉄筋コンクリート構造はコンクリートを用いた構造形式であり、これがモダニズムの建築美学の登場に大きな役割を果たしたことは事実だが、これはあくまでも構造材料のことであり、鉄筋コンクリートを応用して新古典主義の建築を造ることは実は無理なくできることだった。

新古典主義建築は、元は石造建築から生まれたものであるがこの美学そのものは一つの文法となっていたからである。東京日本橋室町にある三井本館は、一九二三年の関東大震災により被災した旧三井本館の教訓からその二倍の地震がきても耐えられるものとして計画されて一九二九年に完成したものであるが、外観は石造の新古典主義建築だが内部構造は鉄骨鉄筋コンクリート造だった。アメリカ合衆国のシカゴ派と呼ばれる建築家たちが世界で初めてビルの高層化に成功したが、一八八九年に完成したサリヴァンとアドラーによるオーディトリアムビルなどは鉄骨構造による建築でありながら、外観を見ればイタリアルネッサンスから新古典主義の流れを汲む建物に見える。

現在日本の都市中心部で不燃化が図られた建築物のうち、低層から中層の建築は鉄筋コンクリート造、中層から高層建築は鉄骨造が一般的によく用いられるがこれはコストと見合った構造的合理性からくるものである。しかし木造建築はやはり木で造らなければその良さを示すことはなかなかできない。木質系のインテリアで和を表現することはできるが、日本建築の本来の良さは構造材料から木造でないと難しいといえる。消防法の強化によって都市部では木造が不可能になった段階で、日本の建築文化はその伝統的連続性を放棄せざるをえなくなったのだといえる。「伝統」と「文化」は日本では肯定的な言葉として理解されており、それらは連綿と途絶えることなく続いていると意識されることが多いが、実は数々の分断があったこともまた事実である。

四　時間と空間の連続と不連続

ここに二つの写真がある。**図10**は、一九六八年に画家の東山魁夷がある京都のホテルの窓から描いた京都の街並みの絵で、**図11**はそれから五〇年が経った現在、その同じ窓から映した京都の街の写真である。私ははじめこの二つの映像が京都の同じ場所のものであるとはわからなかった。しかしこれは同じ場所の風景であり、京都はこの五〇年でこのように変化していたのだ。そしてこの二枚の映像が示す驚きとともに、我々の多くがそのことに気づいていなかったという事実のほうがさらに衝撃的だと感じた。

この絵は文学者川端康成が、画家の東山魁夷にそのうち京都は変わってしまうかもしれないので、今のうちに京都らしい景色を描いておくようにと依頼して描かれた絵だ。日本人の多くは、京都は日本の街の中で最も伝統の残る街だと信じている。それは京都は伝統的な街だとメディアによって常に刷り込まれていることもあって、そのバイアスで見ていると日々少しずつ変化している都市の変化は見えなくなってしまうのかもしれない。これを見ると人間の時間に関する認識能力とはいかなるものなのかと考えさせられてしまう。

京都の五〇年前の絵と今の写真からわかることは「時間の連続と不連続」のことであり、パリと東京の場合には「空間の連続と不連続」がテーマとなっている。しかし、都市にはこうした時間と空間の連続と不連続はつきものであるといえる。否、都市に限らず

（前頁右）**図10**　五〇年前の京都／東山魁夷画「年暮る」山種美術館
（前頁左）**図11**　現在の京都

歴史や一人ひとりの人生までも連続的だと見ることも可能だが、実に不連続なものだと捉えることも可能だ。むしろ時間と空間の中には「連続と不連続」は共生関係にあるとさえいえる。むしろ歴史を連続的に見せようとするために、恣意的に選び取った点を無理やりつなげて線にしてしまっていることも多い。

五　日本の都市の可能性

都市空間の連続性は、ファサードの連続性や様式の統一性といった街並みの連続性のような物理的文脈として現れる場合と、その街に宿る文化性や伝統性、あるいはそこに漂う独特な空気感といった文化的文脈の連続や不連続を指すこともある。料理にたとえると、ポタージュスープのようになるべく食材を均一にすりつぶして一様なベースを作るものもあれば、ブイヤベースのように多種多様な海産物を合わせて作るものもある。都市もまた連続性を高めて異質なもの同士の衝突を避けるために要素を少なくして予定調和を作ろうとする場合もあれば、そもそも人間社会の器として発生する都市には時間軸にも空間軸にも多元的な要素が立ち現れることは必然であるので、むしろパッチワークのようにさまざまな要素がせめぎ合っている状況こそを出発点とすべきだとする考え方もある。

共生とはまさにこの後者の出発点に立ったときに意味を持つ考え方であると思う。東京の街並みは混乱しており、連続的な都市空間を見出すことが困難なほど不連続な街である。しかし別の見方をすればこれほど意外性に満ちた都市も珍しく、パリのようになれば良いとは思わない。このごちゃごちゃ感にはそれなりの理由があったからであり、むしろそれぞれの場に合った共生的な都市デザインによってさらに洗練させていくほかはないと思う。ブイヤベースも元はごった煮であり、食材の取合せなどの試行錯誤を経て今日の完成形に近づいた料理であることを考えれば、ときにまずいごった煮と形容せざるをえない場所も、おいしいブイヤベースにしていくことは可能であると思う。それは紙一重であるといえるのかもしれない。

この二つの料理の映像は都市を考えるうえでも大変示唆に富んでいるものだと思う。**図12**はお正月に作るおせち料理、**図13**はブイヤベースだ。ともに多種多様な食材を用いたものだが見た目にも美しい。日本のおせちは海の幸と山の幸、深読みすれば縄文的な珍味を取り揃え、この時期だけはご飯や汁物を作らずにコールドビュッフェとしてお正月をゆっくりと祝うことができるように考えられている。ブイヤベースは、フランスのマルセイユの漁師が市場に出せない棘のある魚や不揃いな海産物を家に持ち帰って煮込んだものが起源だ。さまざまな食材は見るだけで人の気持ちを豊かにするだけでなく組合せをよく考えればとてもおいしい料理になる。ブイヤベースは、はじめは単なる魚介類の煮込みだったが南米のトマトが南仏に入ってからトマトベースにすることでい

（前頁右）**図12** おせち料理
（前頁左）**図13** ブイヤベース

ちだんと洗練されて今日のものになった。

都市のあり方を考えると、都市にはさまざまな要素が混在していて、それが都市生活の豊かさとつながる場合もあれば、バラバラな場所にしてしまうこともある。おせちには色とりどりの食材の厳選の仕方と並べ方に美しさがあり、ブイヤベースには食材の取合せを考えることと、それをつなげるだしのスープが大切だ。都市もまたさまざまな人間の営みを共存させる工夫の集大成であり、異なる要素も美しく配列することで魅力的になったりすることもあれば、スープのようにさまざまな要素をつなげる都市空間があることで街全体が素晴らしくなることもある。造っては壊す再開発の繰返しだけが都市を刷新する方法ではなく、今ある状況から出発して諸々の要素を再配列し、共生的な空間を充実させるような都市再生を目指すべきだと思う。

東京のようなおもちゃ箱をひっくり返したような都市もまた、多元的な都市の原石だと捉えれば、いつかそれらの共生の仕方を洗練させることによって美しい街になることができると思う。空間と時間は連続的でもあり、また不連続なものでもある。答えはその中間にあると思う。しかし中間といっても妥協の産物ではなく、一＋一＝三になるような共生的な手法が大切だ。都市における空間と時間の連続と不連続は共生と再生を目指すことで、より豊かな時間と空間を紡ぎ出すことができるものだと思う。足してから二で割るといった妥協と共生は、そこに創造力が必要とされるかどうかに大きな違いがあり、両者は全く異なる概念だといえる。

六　新町家論

日本は茶室や工芸といった伝統的なデザインだけではなく、現代建築やインテリアデザインの質も海外から高く評価されている国だ。しかも第二次大戦後の高度成長によって、世界上位の経済大国にまでのし上がった。しかるに日本の一般的な都市景観は、ごくわずかの例外を除いていっこうに良くなる兆しを見せてはいない。スペインから来た私の友人は「これは日本の都市計画家と建築家の責任だ」といった。欧米では、日本よりもはるかに都市デザイナーや建築家といったプロフェッションが組織的に都市デザインの向上に深く関与しているという背景の違いが、こうした発言につながっているのだと思う。

東京を例にとってみても、パリのシャンゼリゼやバルセロナのランブラスといった街路に匹敵するものは見当たらない。東京の絵葉書になるのは、東京タワーやスカイツリーの夜景と都庁の夜景だけだ。これらもオブジェとしてのモニュメンタルな建築物で、「街路空間」ではないのだ。街路空間は、道路とその両側の建築物の両壁からなるいわば「細長い部屋」のようなものだ。道路はこの細長い部屋の床であって、これだけが良くなっても両側の壁が良くならなければこの部屋のインテリア空間の質は高まらない。土木と建築の両方が一体的に整備されなければこれは実現できるものではない。当然ながら土地私有制の下では、道路の両側を走る官民境界から外は民間の土地ということ

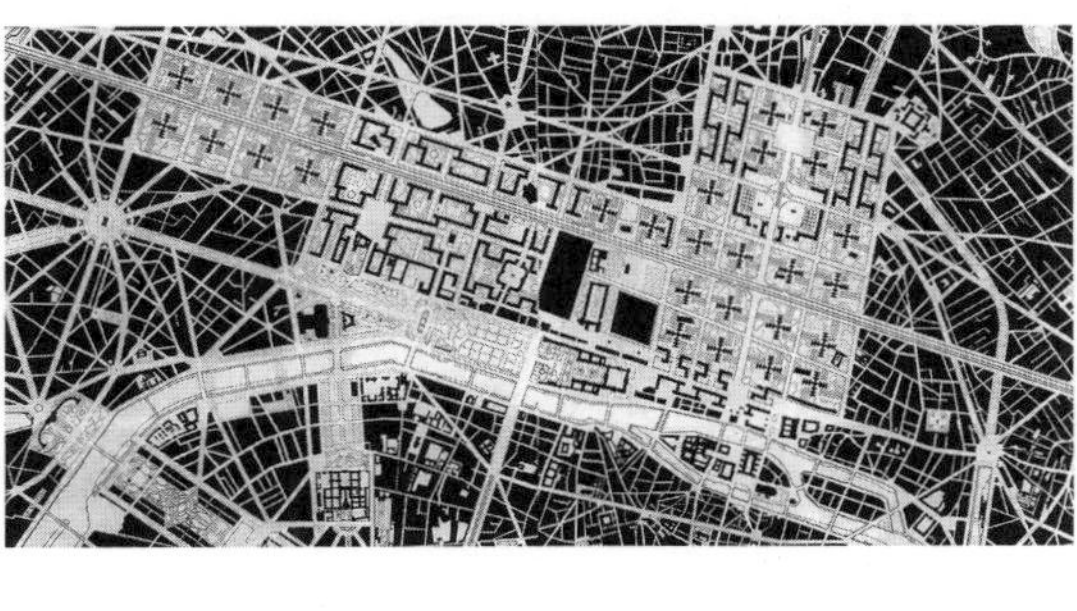

図14　ル・コルビュジエによるパリのヴォワザン計画

であるから、バラバラになって当然だが、それにしても諸外国のそれと比べても日本の街路空間の質は高いとは言い難い。

さらに近代建築の登場によって、ル・コルビュジエのパリのヴォワザン計画（一九二五年）に見られるように、西欧都市においても図と地の反転が起こった図14。すなわち、一九世紀まで連綿と続いた「地」＝低層型都市建築物と「図」＝広場と街路という構造から、超高層を伴った建築物の「図」とその間に広がる公園的広場としての「地」のいわゆる「輝ける都市」型の計画に移行するようになる。図と地が反転関係にある計画を共存させようとするには既存の街区を白紙にして壊さないかぎり不可能で、ヴォワザン計画の平面はこのような唐突な両者の衝突を示している。

「輝ける都市」型の都市再開発手法が西洋の伝統的街並みとしての「地」を破壊するものとして、今日では世界全体で批判され、新たな手法が模索される中で、日本ではここの風土に合った「地」としての都市建築物の創出をせずに、塀の文化といった伝統性を引きずりながら、経済性追求のみの近代的開発手法を無批判に取り入れたことがいっそう都市空間の混乱を招いた。

現代の日本の都市デザインに必要なのは、こうした歴史的分析に立ち戻りながら、現代の日本の都市の目指すべき新たな理念を創出することにある。これまで日本の都市に最も欠落していた、高密度化する都市中心部における「地」となる都市建築物のプロトタイプの創出なども、その最優先課題の一つとなるべきである。京都の「町家」などは、そうしたプロトタイプが日本の伝統の中にも確固として存在していたことを示すものである。

街並みの形成過程についても、日本の場合には街道が造られてから街が発生するといった具合に、常に道路が先行して整備されてきた。道路を管轄する制度と、その両側に展開する民間の建築とは、官民境界によって完全に分けられており、相互が協力して一つの街並みを形成しようとしても無理な状況となっている。日本でいう従来の都市基盤整備とは、主として道路網の整備や下水道の整備といった土木的インフラだけを指すものであって、その中に景観上重要な両側の建築物は含まれていない。このような観点から見ても、街路空間のアメニティーを造り出すことができるような遺伝子は、もともと戦後日本の都市計画手法の中には組み込まれていなかったということができる。

街並みの連続性

広重の描いた江戸の街路や、ナポレオン三世のもとでオスマンが計画したパリのように、街路の両側にわたって統一されたデザインが可能となるためには、余程デザインモチーフの選択肢が限定されていなければならず、かつ強力な都市計画の理念が不可欠である。そのためには、伝統的な建築が造られていたときのように、様式的な多様性が制御されている必要があり、そのことが地域のコンセンサスとして受け入れられていなければならない。

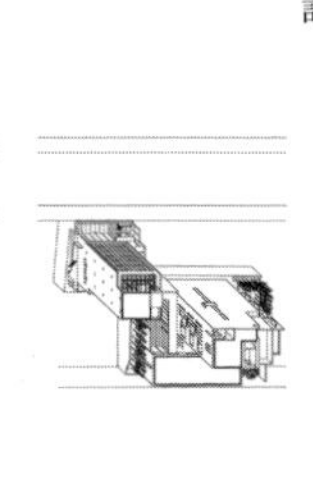

図15 代官山ヒルサイドテラス／槇文彦設計

現代の建築は、造形的な自由度も増して新建材を含めた素材の選択肢も広がったために、統一的街並みが形成されることはほとんど不可能となった。これに景観条例や景観誘導指針を当てはめても、もともと強制力がないうえにそうした指針をつくる人々が建築設計を行うわけでもないので、その間の意志伝達がうまくいかず、中途半端な結果に終わるケースが多いといえる。また仮に、「蔵をモチーフにした街づくり」といったようなテーマパーク的な様式的な統一を実現しても、ディズニーランドの亜流となってしまう可能性が高い。こうした街路空間の統一性はほとんどの場合、長崎のオランダ村のようなまとまったテーマパーク事業でしか実現できなくなった。

この点、現実の既存の都市の中で街並みの連続性を実現した数少ない成功例として、東京の代官山ヒルサイドテラス図15を挙げることができる。設計者の槇文彦は、ファサードといったクラシシズム特有の概念にはよらず、沿道に沿って線形に少しずつ取得された用地にモダニズムの建築言語を用いて「連歌のように」、あるいは「ジャズのアドリブのごとく」自由で変化に富んだ街並みを造りながらそこに連続性を与えることに成功している。この計画は、いわゆる「再開発」といった手法を用いておらず、継時的に一貫した意志を持った土地所有者としての朝倉不動産と、同様に一貫した理念を持つ一人の建築家槇文彦によって初めて実現できたものだ。

一九世紀までは都市型建築物の素材や様式の型が限定されていたために、数多くの美しい街並みが造られてきたが、モダニズムの登場とともに街並みの「横の呪縛」が解放され「縦に伸びる自由」が保障された結果、高容積の追求に資本がつぎ込まれるようになった。このために古典的な横の建築の視覚的秩序は失われて、街路に横の関係性を与えるものは道路や電柱や下水道といった土木的なインフラしか残されなくなった。しかし、これらの従来の都市基盤整備だけでは豊かな都市空間を創り出せないことはいうまでもない。土木と建築とは一体的に都市空間の向上に共働していく必要性があるように思う。

二一世紀は二〇世紀的な上へ伸びる都市の自由な発展を保障しながらも、環境の保全や街並みの横の秩序の創出といった人間本来の感性に備わった律と調和した都市デザインが、もっと多く創られる必要性があるように思う。そこでは、画一的な街路景観が、全国の街路沿いに行き渡ればいいといったことを意図しているのではなく、連続的でありながら変化に富んだ質の高い街路空間が、少しでも日本の都市に生まれることを願うのである。

街路の両側が統一的にデザインされた街並みは、いったい日本の都市の中でどれほど見出すことができるのだろうか。先の代官山ヒルサイドテラスのような実例以外には、京都の石塀小路や、佐原の旧道のように近代以前に造られた街並みであるか、あるいは東京の表参道のように見事な街路樹が建築のバラバラなファサードを覆い隠している場所かのいずれかの実例しか浮かび上がってこない。これほどまでも高度な資本主義経済の下の都市においては、街並みの連続性を創りだすことは容易ではない。

しかし、代官山のような実例は、そうしたことが不可能ではないことを物語っている。そこで特筆すべきなのは、街並みを造るために沿道に沿って両側の用地を取得していったことと、優れた建築家が優れたディベロッパーとともにこれらの街並みの連続を「紡いで」いったことだ。もし資本が、現在いたるところで見られるような都市再開発型のまとまった広大な用地のみにつぎ込まれるのではなく、道路に沿った両側の線形の用地取得に向けられたとすれば、そして、それらに優れた能力を持つ建築家たちが区域を分けて投入されていたならば、日本の街路空間はもう少し良くなっていたように思う。

代官山のような実例は、全国にもっと多く見られても良かったはずだ。現在ではさまざまな計画が試みられつつあるが、いまだ点が線になりやがて面になるような広がりを見せてはいない。その理由は新しい街路空間の創造が、都市に活力をもたらし、場のアイデンティティーを高めることによっていかに経済的な波及効果が得られるかについて、十分な理解が得られていないからだろう。したがって、それを支える新しい社会システムの構築もまだ不十分だ。

ここでは決して二〇世紀型の従来の再開発手法を否定するつもりはない。しかしそこにもう一つ周辺の街路空間を創出する手法が加わっていれば、周辺とのバランスを欠くことはより防げるように思う。街路空間を創出するための、比較的低層で連続的な都市型建築物が道路沿いにあれば、その背後の道路から離れたエリアには相当高密度な容積が与えられるようにすることも可能だろう。あるいは、ニューヨークのマンハッタンのアール・デコのタワーのように基部、幹部、頂部と三層に構成が分節されていて、基部は街並みの横の連続性と対応させるなどの工夫がなされているような例もある。クライスラータワーの横を歩いていると、そこに超高層ビルが直立していることに気づかないほどだ。縦に伸びる方向性と横の連続は十分に調停することができるものだ。

公共と私有の一体的デザイン

これからの日本では公共財としての道路に加えて、道路に沿った両側の幅二〇mほどの用地を準公共財として、公共性の高い計画を行うことも可能であるように思う。単体としての公共建築に多額の費用をつぎ込んでも公共の役に立っていないとする批判が絶えない今日においては、同様の費用によって街路空間を創出し、それを活性化しながら公共建築を組み込んでいくような手法があっても良いはずだ。

道路が立派な公共財なのであれば、街路空間と沿道街区にもまた準公共財としての価値を認めるべきだ。私有財産にはいっさいの公共的価値を認めないとする現行の日本の法制度の下では、私有財産でありながら公共的役割の高い都市の中の自然環境や、街並みを造り出すファサードといったものは、今後どのように位置付けられていくのだろうか。そして誰がそのデザインを主導し、管理を行っていけば良いのか。

パリの大改造は既存の都市に対して行われたものであって、それ以降二〇世紀に入っても既存の都市をこれほどまでに徹底して再生した実例は皆無といってよい。むしろ

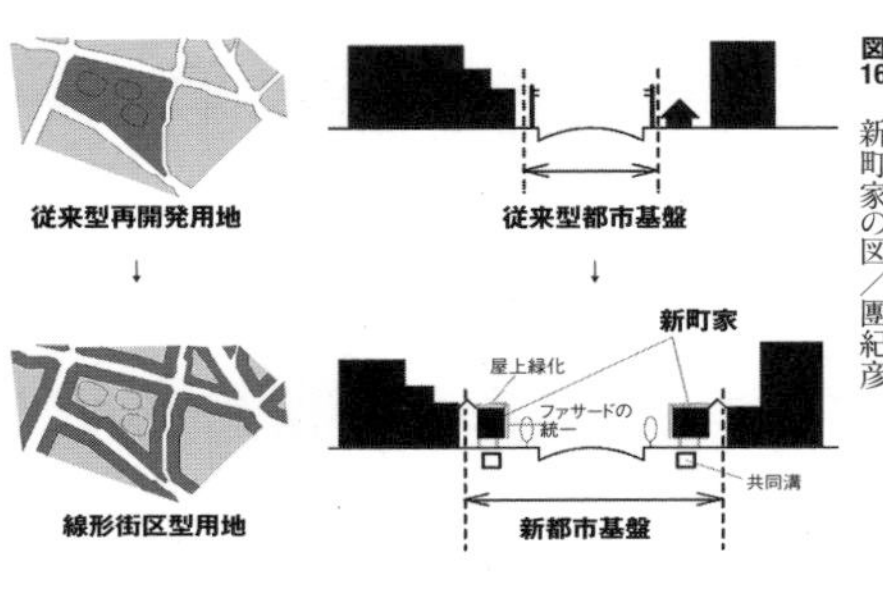

図16　新町家の図／團紀彦

二〇世紀の都市計画は、ブラジルのブラジリアやインドのチャンディガールのように誰も住んでいなかった荒涼とした土地やジャングルの中に白紙から建設されるような都市建設だけで、改造といっても部分的な都市再開発しか存在しなかった。

既存の都市の改造の実例としては、現代から見れば一五〇年前とはいえパリがむしろ直近の成功例であり、また、オスマンは近代的ディベロッパーの最初の成功者ということができる。こうした事例から得られる教訓は、道路沿いの線形街区を単なる私有の建築物として捉えるのではなく、明らかに都市の公共的基盤整備に欠かせない要素として理解していることだ。都市計画は、用地をどのような計画理念によって取得するかといった段階からすでに始められなければならない。

新町家形成の提言

日本の街路空間に活気を取り戻し、かつデザインの質的な向上を図るためには、努めて街路沿いの線形の用地を両側に渡って取得して新都市基盤とし、この街路をはさんで道路を内包した線形街区に特定のマスターアーキテクトを選定して計画を進めるのが良いと思う図16。このときには、街路の幅に応じてその内陸部よりも低層な横に連続する新町家を形成し、それぞれの場所に応じて一〜四階は店舗、健康増進施設や文化施設の複合施設、五階以上の上部階はオフィスまたは住居として、都市のグラウンドを形成するような一般解としての都市型建築物のタイプを追求すべきだ。

その際にマスターアーキテクトは、行政とディベロッパーと連携しながら街路空間のあり方についての住民の意見を統合して、高いレベルのデザインを提示する能力と責任が問われることはいうまでもない。そして、一個の「図」としてのオブジェではなく、「地」としての優れた背景となるような資質をファサードに与えることだ。

ここで重要なことは、上部階が住居にもオフィスにも使用できるような、あるいは双方に改造できるような骨格を与えておく必要がある。かつて表参道にあった同潤会アパートはもともと住居として造られたものだが、周辺の都市環境の変化に伴って、オフィスやギャラリーに利用されるようになっている部分も多く出現した。パリのオスマニアンにしても、京都の町家にしてもそうだが、長く状況の変化の中で都市の財産として生き残っていくためには、都市建築物がこうした内部プログラムの変化に対する柔軟性と、特定機能からの一定の独立性を具備していなければならない。

しかし、建築物が造られる過程においては、従来型の機能主義やゾーニング論の中で明確な機能を持定しなければ前に進むことができないというジレンマも存在しているのが現実である。そうした中でも都市環境の変化の中で不変のアメニティーを明確に持っていて、柔軟に状況の変化を許容する体力を持っているものだけが、都市の社会資本として残っていくことになるだろう。こうした低層の新町家を公共自治体の手で整備して、地元の商店街に貸与または払い下げを行えば、中心市街地の活性化にも役立てることができるはずだ。

従来型の都市再開発手法では、街路パターンを造って区画割りをし、利用形態のゾーニングまで決めてからバラバラに用地取得者に計画を委ねるといった方法がとられてきた。これは都市計画でも、都市空間の創出とも無縁な土地売却の一手法にすぎない。現在の一つのテーマとなっている都市の中心市街地活性化においても、このような手法によった従来型の再開発型の巨大な建築物ができても、周辺の商店街の活性化や市民にとっての豊かな都市空間の創出にはつながらないだろう。

新町家論の提案は、シャンゼリゼやランブラスといった目抜き通りに対する方法だけを目指すものではない。それは、ごく一般的な商店街や日常の生活の場としての街路空間をより豊かにするための手法として提起されるものである。それは、従来の都市基盤の中に新しい時代に対応した現代の町家を加えることによって、新都市基盤が街路空間の創出といった新たな役割を担っていくことを目的としている。

日本の都市に魅力と風格を取り戻すためには、文字通り街づくりのプロセスの中に魅力と風格のある人間の意志が一貫して投影され続けなければ実現できるものではない。ここでパリや代官山の実例を引用して、マスターアーキテクト制の導入といったプロフェションの必要性を述べたのもこうした理由からだ。ともすると都市計画では、行政、市民、ディベロッパー、土地所有者たちのさまざまな意見を取り入れなければならないという立場から、顔と意志が見えないプロセスをたどるほうが民主的であるかのような誤った認識が流布しているように思う。

オスマンなどを賞揚すれば、まるで強権的なデザインプロセスを肯定しようとしているとの誤解を招くかもしれない。しかし、顔と意志の見えない街づくりの方法は、決して民主的なプロセスと呼べるものではないばかりか、その無責任主義が顔の見えない巨人を作り出してしまうことになる。責任者の顔とコンセプトが見えない計画に対しては、市民は誰に異議を唱えてよいかもわからなくなるからだ。民主的でオープンな都市計画のプロセスを作り上げるためにも、提案者のコンセプトと顔と責任を明確にするような社会システムの構築が不可欠なのである。

七　街路再生型計画としてのコレド室町

日本橋室町のコレド室町の計画は輝ける都市型の都市再開発ではなく、街区建替えに伴う都市再生の計画だった。室町地区は中央通りに面して西側には三井本館と中央通り沿いの北に新館、その南に三越百貨店、その奥に日銀が建ち並んでいて、江戸時代には日銀本店の前身として金座と呼ばれる江戸幕府の造幣所があり、呉服商の三井越後屋と両替商が軒を連ねていた。明治期以降には、欧化政策を体現した今につながる西側の建物群が形成されてきたのに対して、東側は関東大震災までは日本橋川からつながる魚河岸があり、その名残としての包丁の木屋、鰹節のにんべん、山本海苔店などの老舗があ

図17 福徳神社の再生／團紀彦建築設計事務所

り、またこの地域の神社としてビルの屋上に設置されていた福徳神社があった。

二〇〇五年、東側街区の老朽化に伴い三井新館の前の野村不動産の土地と三井本館の前の旧東レビルの三井不動産の土地の建替えを皮切りに、この地区の街区再編が動き出した。まず野村と三井の個別の申請が中央区に出されたときに、区の都市計画課長だった吉田不曇（うずみ）氏（現中央区副区長）が待ったをかけ、共通のマスターアーキテクトを立て、周辺の歴史的遺産と融合した東西街区再編の都市デザインを実行するならば、高層部の容積割増しを認めるとの見解を出したことが始まりだった。

これに対して三井、野村の協議により、私に白羽の矢が立てられることになった。これが中央区がディベロッパーとの協議の中で示した最初の公的な都市空間価値向上のための示唆であり、もう一つは、国道の中央通り下部の銀座線三越前駅の地下空間と江戸桜通りの地下空間化を図ることで、東西街区を地下でつなげて一体化を図ることだった。従来は国道や区道などの官側は、特定の民間企業の利益誘導となるこうした協力は避けてきたのが常であったが、最終的には三井および周辺の地権者と行政の合意が成立し、地下空間と地下鉄およびコレド室町との一体化が実現することになった。

さらには明治、大正、昭和にかけて幾度となく遷座を繰り返し、昭和四八年（一九七三）から現在地に移転したものの、ビルの屋上に設置されてかろうじて命脈を保っていた福徳神社が地上に再建されたことがもう一つの特徴である図17。福徳神社の歴史は古く、平安期の貞観年間（八五九〜八七六）には鎮座していたことから九世紀以前の創建とされてい

図18 従来型の都市デザイン

図19 街路再生型都市デザイン／團紀彦建築設計事務所

＊著名な建築家を寄せ集めて地域の活性化を図ろうとする手法。

る。以後、源八幡太郎義家、太田道灌、徳川家康や芽吹神社の命名者徳川秀忠の参詣を得て繁栄していたが、天保一三年（一八四二）老中水野忠邦による天保の改革期に富籤禁止令が出され、転居を命じられたため一時は消滅したが、水野忠邦失脚後に氏子集団の嘆願により再興した。その後関東大震災と東京大空襲で被災して前記のようにビルの屋上に設置されていたが、二〇一四年に三井不動産の室町東地区再生計画の一環として空中権を隣接ビルに移転することで本来の地上に降りて再生が実現した。

コレド室町の計画では、隣接する野村不動産のユイトの計画原案が密柱でスリムなマリオン状のファサードであり地上まで柱が降りていなかったために、中央通りに対面する三井新館（シーザー・ペリー設計）の持つ列柱のオーダーに対して調和するように、マスターアーキテクトだった私はリズムを同調するように設計者であった日建設計の山梨知彦氏との調整を行った。その次に行ったマスターアーキテクトとしての調整は、コレド室町Ⅰ、Ⅱ、Ⅲの三街区からなる周辺街区の都市デザイン基本方針を決定することだった。相互に隣接する複数の街区が持つ可能性としては、それらが対面するいくつかの街路の横の連続性と対面する街路との連動による街路再生を行う必要があると考えた。この計画はいくつかの街区からなる限定されたものだったが、ここで街並みの連続性をつけることは将来の街の発展にとっても意味のある出発点になると考えた。

図18、19は、当時三井不動産に対する説明に私が用いた二〇世紀型の開発手法と、今回必要と考える街路再生型アーバンデザインの比較のためのコンセプト図である。**図18**は

図20　コレド室町浮世小路

図21　現在の江戸桜通りから富士山を望む／歌川広重「名所江戸百景」

従来型の考え方で、四つの街区に四者の設計組織や建築家を割り振り、相互の差別化を図るべく競い合わせることにより都市の活性化を図る考え方を示している。しかし、これでは当時よく海外でも行われていたような「動物園型」*と呼ばれる建築主導のバラバラな都市空間が現出してしまうと考えたので、**図19**のように街路に主体性を取り戻すために、タワーの低層階を分節することで中央通り、江戸桜通り、浮世小路図20、あじさい通りのそれぞれに個性と連続性を取り戻すための街路再生型の提案を行った。これが採用されたことがコレド室町の都市空間の方向性を決めるものとなった。

三井本館を中心に三越百貨店本店と三井新館の西側街区と対面するコレド室町は、コレド室町Ⅰ、Ⅱ、Ⅲの三本のタワーからなっていたために、対面する三井本館の最上段のコーニスライン二七ｍに低層部を合わせるように分節して対面する街並みとの連続性をつけ、古典主義の列柱のオーダーと連動するようにコレド室町ⅠとⅢの列柱をデザインした。さらに中央通りと直行する江戸桜通りは、かつて西向きに富士山を眺めた歌川広重の浮世絵が残されているように由緒ある通りだった図21。中央通り西側は横河民輔設計の三越百貨店本店と三井本館の長手方向のファサードが対面しており、この流れを受けるように東側ではコレド室町Ⅰと対面するコレド室町Ⅲとの間にゲート性を持たせて東側街区への導入部とした。

江戸桜通りを少し東に進むとコレド室町Ⅰ・Ⅱ・Ⅲの交差点にやってくる。江戸時代には辻は人がたまる重要な都市空間であったので、ここを大きく分節して浮世小路と呼ば

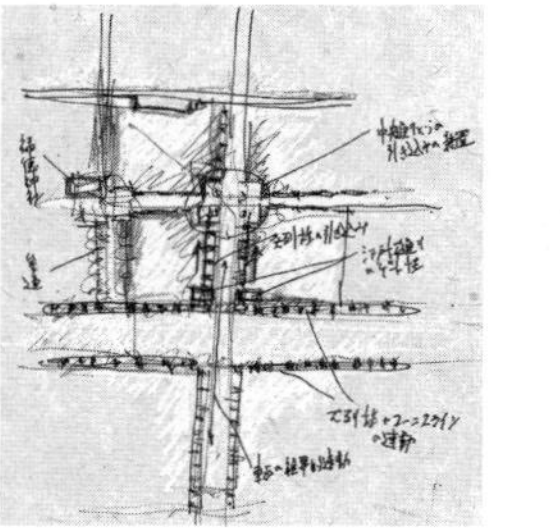

図22 コレド室町のスケッチ／團紀彦

図23 輝ける都市型、西新宿

れる路地への切り返しとし、福徳神社への導入とした図22。このように、コレド室町では本来は街並みを造ることができないとされていた高層棟の低層部を分節することにより周辺との街並みの連続性を実現したことと、本来の公共空間としての既存の道路を積極的にコレド室町建築群の低層部によって一体の都市空間にしたことが従来の高層棟を伴う計画とは違う点だった。これは西新宿の高層ビル群図23とは異なった脱モダニズムの街路再生型の手法に基づいた方針だといえる図24、25。

西新宿の高層ビル群は、ル・コルビュジエの輝ける都市に影響を受けた公園的な公共空間の中に高層ビル群を林立させる計画であり、一棟一棟の隣棟間隔を広く開けるのが原則であったために街並みを造る目的を持っていなかった。近代の都市計画手法は、パリの街路のように街路とその両側の建築ファサードを揃えることで、公共的な都市空間を造るといった考え方がない。これはボザール型の都市空間を真っ向から否定して別の世界を築こうとしたからだと思う。これが現在の日本をはじめ、世界に多く見られる都市再開発の原型となっていった。しかしコレド室町はむしろ、ル・コルビュジエが「ニューヨークはもっとタワーの隣棟間隔を空けなければならない」として否定的であったマンハッタンの都市空間と類似していると思う。輝ける都市が公共空間として重視したのは足元の公園であり、街路空間ではなかったからだ。

都市における公共空間の最たるものは街路空間であり、このことをモダニズムは避けてきたのだといえる。なぜ二〇世紀型の再開発が周辺街区と馴染まないかといえば、そ

図24　コレド室町浮世小路

図25　コレド室町中央通り

もそもモダニズムが街並みの連続性を紡ぐ手法を持ち合わせていなかったことに加えて、輝ける都市のように公共空間の意味が既存の伝統的な街路空間とは全く異なるものであったからだ。

コレド室町Ⅰの設計がほぼ決まり、少し遅れてコレド室町ⅡとⅢの設計に移ったときにある議論が起こった。一つはコレド室町ⅡもⅢもコレド室町Ⅰと全く同じほうが良いとする意見と、それは気持ちが悪いのでそれぞれのアイデンティティーを出して少し変えるべきだとする意見だった。たまたまコレド室町Ⅲの構造計画で、中央通り沿いのファサードの一番右端の柱が地下鉄の入り口に抵触するために設けられないことがわかり、最後のスパンの幅を縮めるかどうかということになっていたので、柱とファサードの取合いの考え方を変えて柱性を弱めてフレームを前に出して多少異なるデザインとすることで決着した。

個性とかアイデンティティーというものが、どのようなことから生まれるのかはさまざまなケースがあると思う。統一性を目指す場合には、逆に極端な統一を避けるための差異が求められ、多様性に富んだ表現の場合にはどこかに統一的な要素が求められるといったカウンターバランスのベクトルが常に建築と都市のデザインには求められるということだと思う図26。

モダニズムの建築教育の中では、建築設計のプロセスにおいて敷地図という名の境界線の中に建物を描く作業が主となるので、敷地の中だけでパブリックスペースとプライベートスペースを考える習慣が身についてしまっている。住宅のようにトータルとしてプライベートゾーンに属するものであっても居間はパブリック性が高く、寝室はプライベート性が高いといったものの見方をする。したがって、本来であれば道路こそが最もパブリック性の高い場所であるにもかかわらず、それに背を向けて道路との一体化に消極的だったといえる。

コレド室町の場合は、敷地の内部に公開空き地のような内的なパブリック空間を造るのではなく、道路を挟んで対面する街区とともに、本来のパブリックスペースとしての道路と建築の一体化に正面から取り組むことになった。

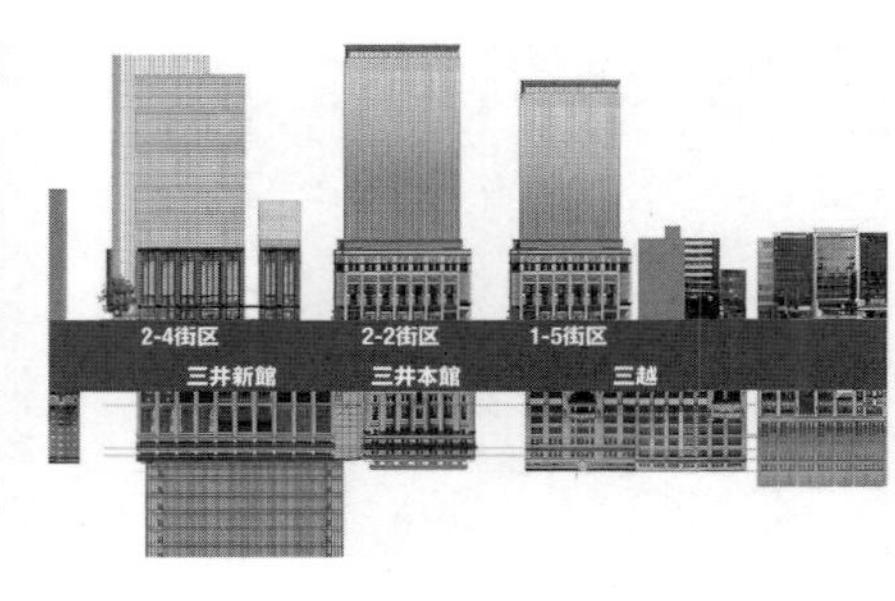

図26 コレド室町中央通り東西ファサードの連動／團紀彦建築設計事務所

Ⅲ　日本文化のアイデンティティー

図1　九州の彩色古墳と隼人の楯

図2　日本の道具類のデザイン

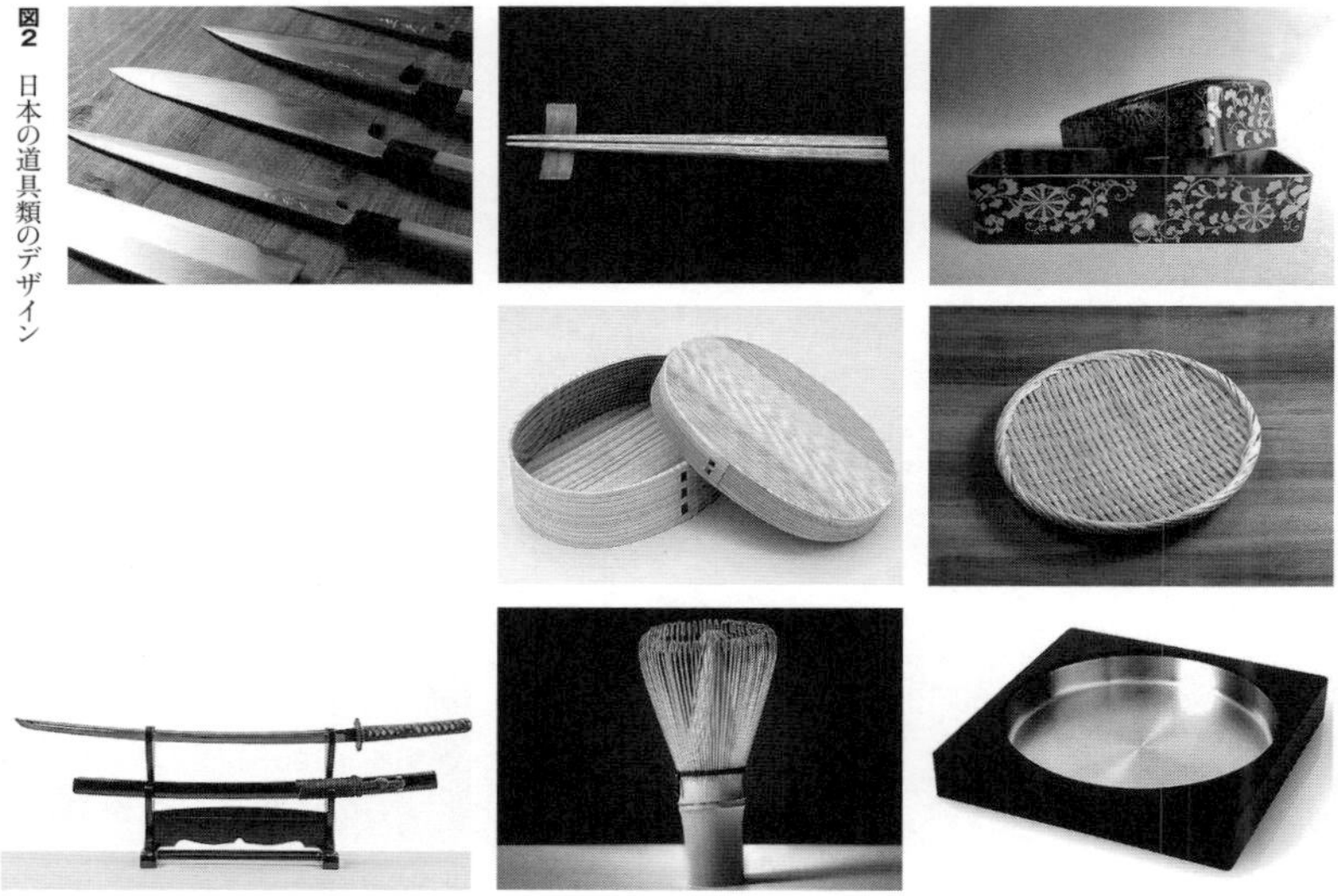

**都市空間には何らかの形でそれぞれの地域固有の文化が映し出されている。
日本の都市を考えるうえでも、
日本文化のアイデンティティーとは何かという問題に行き着くことになる。
図1は九州の彩色古墳の石室の内部壁画で、
図2の一群の映像はすでに広く流布されている日本文化のイメージを集めたものだ。
ともに日本の文物であるにもかかわらず、
なぜ我々は図2の映像が日本文化を表すものだと感じるのだろうか。**

一　縄文文化と弥生文化の共生

縄文文化と弥生文化は過ぎ去った過去のものではなく現代にも生きている。しかもこれらがいまだに密接な関係にあることは、日本文化が極めて共生的なものである証ともなっている。そしてそのことは、日常生活の中ではあまり気づかれないことかもしれない。歴史的事実があったかどうかは、建築の遺構や文献が残されているかどうかだけで判断できるものではない。

たとえば箸や沓脱の風習などのように、現代の生活にまで生き続けているものは古代のどこかの段階で一般化されたものと考えられるが、日常的な習慣に関わることは文献上で確認することが困難であるうえに、生活用品であるために竹や木などでできているものの多くは朽ち果ててしまったためにこれらの文物の初出に関する歴史的な淵源はよくわかっていない。

中国大陸における考古学的な最古の箸は、紀元前一四世紀の中国の殷墟から出土した長さ二六㎝の青銅製のものである。これは食事用のものではなく、菜箸のような調理用のものだと考えられている。中国大陸では漢字の上に竹冠がついていることからも竹による箸が一般的であったことが窺われるが、当初上流階級では青銅も用いられていた。しかし重金属が腐食しやすいことと健康を害することが次第にわかり、それよりも古くから用いられてきた竹や木製の箸が一般的な食器となったのではないかと考えられる。

図3　メコン川流域の高床式住居

朝鮮半島北部では発達した製錬技術を持つ西突厥などの北方騎馬民族とのつながりが強く、純度の高い金属製の箸や貴族階級では銀の箸なども用いられてきたために、現代でもステンレス製の金属の箸が普及している。銀の箸もまた変色はしやすいが、毒物を見分けることができたために毒味の役割を果たしてきたとされる。またその置き方も現代の日本では箸先を左に向けて横向きに置かれるが、中国や朝鮮半島では箸先を向こうに向けて縦に置く。しかし唐代中期のいくつかの壁画には横向きに箸を置いていたことが描かれていることから、中国では唐代以前には横向きに箸を置いていたようで、縦に箸を置く風習は宋代から始まったとされている。

日本列島では六〇〇〇年前の縄文遺跡から漆塗りの箸が出土しており、縄文期より箸が用いられていたことがわかっているが、個人用の匙はそれ以降もずっと見つかっていないことから、日本では朝鮮半島、中国大陸および南アジアに見られる匙の文化はなかったといえる。このために汁物を口にまで運ぶ風習が定着した。こうした古代から続いて現代の日常生活にも生きている歴史は、歴史的シンボルとはなっていないために古いという時間感覚が消えてしまうことが多い。

沓脱の風習も、洋の東西を問わず今は世界に分布しているために単純な公式を当てはめることはできないが、ことに周囲の環境が湿潤でアジア南部の稲作農耕の発達した文化圏では古代から建築様式が高床式建築物[図3]となり、日本においても地面から床を上げるようになった弥生時代から沓脱の風習が始まったと推測することができる。

図4　縄文竪穴式住居

歴史学者の鳥越憲三郎によれば、倭人は中国雲南から閩越を経て稲作農耕と高床式建築物を日本列島に伝えた弥生人のことで、紀元前一〇〇〇年頃の周代成王の時代の文献に初出する。この倭人は大陸にいた倭人を指すことが指摘されており、倭人がのちの理解としての現在の日本列島に住む原日本人のみを指すものではなかった点が興味深い。縄文と弥生の関係は、侵略者の弥生人が縄文人を征服したといったものではなく、また稲作農耕が労働力を必要とし、富の蓄えができたために権力と王権が発生する契機となったとするマルクス主義史観の通りに説明がつくものでもないことが近年の研究で明らかになりつつある。

千葉県をはじめとする縄文遺跡と弥生遺跡の事例ではお互いに隣接していることも多く、しかも両者が共存していた時期の重複は数百年にも及ぶものが確認されている。佐賀県の吉野ヶ里遺跡は弥生時代の環濠集落として知られているが、高床式建築物と竪穴式建築物の両者が混在していることでも知られている。弥生人が稲作農耕と高床式建築物を西日本から徐々に東に伝えたことはほぼ間違いのないことだといえるが、人の移動に関しては少人数単位の難民として戦乱を避けて徐々に中国大陸南部から渡海してきたものと見て良いと思う。のちに触れるが、一度に大量の人の流入があったとすると、おそらく彼らが話していた古代の閩越語がなぜ倭語におきかわらなかったか説明がつかないからだ。

この弥生人が先住民であった縄文人と交わり、建築も竪穴式住居図4と高床式建築物が

図5　農家の玄関、縄文と弥生の共生

融合されていったのではないかと考えることができる。それにしても、同じ列島の中でなぜ気候風土に対する考え方、特に地面との関わり方に関して根本的に異なる住居形式が発達したのかは未知な部分も多い。弥生人の高床式建築物は地表の湿気からの分離であり、縄文人の竪穴式住居は中心に火器を置くことができる防火性能と、夏は地表温度よりも五度ほど低く、冬は五度ほど高い半地下の土の温度の安定が理由だったと考えられる。

紀元前一万三〇〇〇年頃、最後の氷河期が終わる縄文時代の初期には海水面は現在よりも一二〇mほど低く、そこから約一万年間の縄文時代晩期にかけて海水面は現在よりも一〇mほど高い位置まで上昇した。これを縄文海進と呼んでいるが、次に弥生期に再び下げて現在の海水面に近づいていった。このときに海水面の上下動が幾度となく繰り返されたために海岸沿いの台地の端部では開析谷ができ、よりいっそう稲作農耕に適した湿地帯が形成された。縄文期から弥生期にかけて日本列島の沿岸部は徐々に湿潤化したのであり、弥生遺跡は西日本、縄文遺跡は東北から北海道にかけてより多く分布している。

日本の農家に今でもよく見られる玄関の土間には炉が設けられていることが多く、その土間から一段高い板の間の玄関につながる形式は、竪穴式住居の強みとしての炉の設けられた土間と、湿度対策に優れていた高床式建築物の融合により生まれたものと解釈することができる図5。高床は周囲の土壌の湿気から生活空間を守るための所作であったが、唯一の弱点は火災に弱いことであり、これを土間が補っていたと考えられる。

平安期の火鉢は『枕草子』にも記述されているが、囲炉裏が成立したのはより巧みな防火技術が発達してからのことである。食文化においても、現代のようにご飯とおかずを同時に食する丼ものはいまだにカジュアルなものであり、正式な日本料理ではご飯は数々のおかずの最後に出てくるものであり、縄文的な海と山の珍味の後に大切に出されるこの順番こそ、縄文と弥生の共生する日本文化を物語っているのではないか。日本は国土の八割が山であり、稲作農耕に適した湿潤な平野部はほぼ海岸線に集中している。したがって海と山との距離は中国大陸などと比べればはるかに近く、この地政学的な条件が単一民族国家といわれながらも、縄文と弥生といった本来は異質な文化が共生している理由だと考えられる。

図6 漢代の陶俑、漢人

二 日本人の座り方から見た文化の固有性

日本の伝統絵画の中に描かれた人々の座り方を見ると、連綿と流れる一貫した傾向とこれまでにたどってきたいくつかの時代の節目が浮かび上がってくる。中国漢代の陶俑を見ると、王朝に仕える人たちの多くが正座をしている姿が見受けられる図6。紀元二世紀以後に中国では支配層で椅子が用いられるようになり、それ以降の歴代の王の全てが

図7 明の太祖

図8 紫式部座像

椅座で描かれている図7。朝鮮半島では高句麗王の座像は胡座であり、その後李氏朝鮮の頃は椅座で描かれている。

一方、日本の場合は平安朝の頃から貴人の男性は胡座、女性は脚を崩して座っている図8。空海や最澄などの遣唐使により唐にわたって帰国した留学生は椅子の上に胡座または半跏椅座で座っており図9、少し時代を遡って六世紀の奈良朝の中宮寺と広隆寺の弥勒菩薩像などはともに半跏椅座像である図10。中世鎌倉期以降に始まる武家政権では歴代将軍は全て胡座で描かれている図11・12。漢字の胡座の「胡」はイラン、トルキスタンなどの西域を意味する文字で、漢民族から見れば異域の文化を意味している。胡瓜、胡人、胡桃など西域からきたものには「胡」を用い、「胡散臭い」という表記まである図13。騎馬民族文化と日本文化の関わりを示すものとして興味深い。

座り方に関していうならば日本は本来胡座文化であり、中華文明と何らかの関わりがあったものに関しては椅子が用いられていたことがわかる。広隆寺弥勒菩薩像と中宮寺弥勒菩薩像の二つの像には、その姿と座り方に多くの神秘が隠されているように思う。弥勒とはサンスクリット語のマイトレーヤの漢語訳であり、釈迦入滅後五六億七〇〇〇万年後に現れる救世主のことである。当初ザビエルはゼウスのことを大日如来であると日本人に説明したように、多くの宗教は他の宗教の神や仏像に仮託してわかりやすく教えを広めることがよく見られてきた。キリスト教から見れば異端とされたグノーシス主義*とそれと密接な関係にあるマニ教などはその例で、弥勒菩薩像もキリスト教、マニ教などのさまざまな宗教の仮託の対象となってきたイコンの一つではなかったか。

西ヨーロッパで東方といえばコンスタンティノープルより東を指しているが、この場所を本拠地にしていたキリスト教ネストリウス派はマリアを「神の母」と呼ぶことを拒否して、西暦四三一年にエフェソス公会議において異端となり、東へ逃げて唐に至り、大秦寺を建てて景教として大流行した。それより前に、アリウス派はキリストの神性を否定して三二五年にニケーアの公会議で異端となった。地中海世界ではカトリックがマリアを聖母として崇拝する傾向が強かったのに対して、東方では男性上位の社会構造のためか、アリウス派、ネストリウス派、グノーシス主義のいずれの異端とされた宗派を見ても、神性と男性と女性に関わる解釈においてローマカトリックと齟齬をきたして異

図9 最澄座像

＊ グノーシスとは古代ギリシャ語で「認識」を意味し、精神と肉体を分けて考える二元論を持ち、マニ教やキリスト教グノーシス派は異端とされた。紀元一世紀から四世紀にかけて地中海世界において発生した思想。

図10 広隆寺弥勒菩薩半跏像

図11 伝源頼朝像

図12 徳川家康像

図13 唐代の胡人俑

図14　明治期の茶会図

端とされ、あるものは東へ逃れていった点で共通している。

これらの宗派はまた、教団本部への帰属を否定していることと、唯識論的であること、すなわち個人の悟りを重視しており、絶対唯一神を受け入れようとしなかったことが特徴として挙げられる。こうして見ると、広隆寺弥勒菩薩像と中宮寺弥勒菩薩像の双方が、男性と女性の性差を感じさせない表現を持っており、椅子に座りつつも胡座で座しているといったように、漢民族文化と騎馬民族文化の中間的な像容を持つことが、さまざまな文化的結界を掻い潜りながら、時空を超えて倭国にたどり着いたイコンに見えてくるのである。

正座は朝鮮半島同様に、日本でも罪人の座り方として退けられてきたものであり、後三年合戦絵詞の中では清原家衡が源義家に降された際に、馬上の義家の前で跪き正座させられている姿が描かれている。正座が制度化されたのは江戸幕府の三代将軍徳川家光の時代であり、これは将軍と臣下の上下関係を明確化したものと考えられる。奇しくもこの家光の頃に奢侈禁止を名目として寛永の反物規制令が出され、反物の幅が縮められたことにより着物がよりきつくなり、女性も身分の貴賤を問わず立膝や脚を崩した座り方が困難になった図14。千姫の座像図15や菱川師宣の美人図図16は江戸初期のものであり、日本人本来の座り方を示す最後の時期のものである。

正座は江戸時代には将軍謁見時の家臣の座り方に留まらず、寺子屋での子供の座り方においても徹底されていった図17。これには多少の合理性がなかったわけではない。一つは狭い場所に大勢の子供たちが座る場合には、胡座では幅が広がりすぎるために正座のほうが効率的だったことと、習字をするときには背筋が伸びて座位が高くなり、筆を立てやすかったこともあったと思う。今でも畳の上での法事や茶会などでは正座が主であるが、実は案外新しい文化であったわけであり、正座が法制化されたのは戦時の東条内閣のときであることはあまり知られていない。

千利休は茶文化の創始者であるが、実は正座ではなく胡座で茶会を行っていたといわ

図15 千姫座像、江戸時代初期

図16 江戸時代初期の美人画／菱川師宣

図17 正座する寺子屋の子供たち／巌如春（いわおじょしゅん）

れている。明治四年(一八七二)に京都西本願寺で開催された第一回京都博覧会では、海外から参列する客人が多かったので、裏千家十一世玄々斎宗室に上り立礼式といわれる椅子とテーブルの茶席が考案された。これによって正座が困難な人々の茶会への道も開かれた。しかし本来の畳の上での胡座を可とする形式は閉ざされたままだ。海外からの来訪者だけでなく、現代の若い世代も生活習慣の変化によって正座をする機会が少なくなり、高齢者や障害を持った方々も増えていることを思えば、正座のみによる茶会はもはや万人に開かれた文化とはいえなくなってきているのではないか。

胡座茶席について

軽井沢のセゾン現代美術館の庭園に展示した「胡座茶席」は、コロナ禍の時代の中で快適に緑陰の中の微風を感じながら時を過ごすことができればという願いと、茶の作法に敬意を表しつつも、本来は座り方も自由に茶会を楽しむことができた時代もあったとの想いを込めてデザインした野点である図18・19。この茶席は、セゾン現代美術館で二〇二〇年秋に開催された「都市は自然」展(チーフキュレーター/團紀彦)とともに庭園内の野点として製作し、展示されている。

（前頁右）**図18**　胡座茶席、セゾン現代美術館庭園内野点／園紀彦
（前頁左）**図19**　胡座茶席での茶会、二〇二〇年

図20　飛鳥板蓋宮跡（飛鳥京）

三　権力が宿っては消えた古代都市――飛鳥京

飛鳥京は日本がいまだ「倭」と呼ばれていた頃の最古の都市であり、その後壬申の乱で王権を掌握した天武天皇により新益京（アラマシキョウ）と呼ばれた藤原京が飛鳥京の北西数キロの地点に造営されるまでヤマト王権の中枢であり続けた**図20**。飛鳥京は歴代の倭の大王（オオキミ）の行宮の痕跡が点在する場所であり、唐に倣い都市住民を包摂した都市ではなく、いわばヤマト王権のヘッドクォーターの点在する公園的な場所であったと考えられている。

ここがはたして都市と呼ぶことのできる場所であったかについても議論の余地があり、謎に満ちた都市であるといえる。一代一宮と呼ばれるように歴代の大王の行宮は継承されたものは二つとなく、大王崩御ののちに解体された可能性もある。鎮守の杜に神が宿るのと同様に、権力もまたある場所に宿るとするアニミズム的な神域思想こそ、中華文明の都市造営の手法が到来する以前の日本独自のものであったということができる。

飛鳥京に対する「新城（ニイキ）」として天武天皇が指揮した藤原京は、日本史上初めて条坊制を取り入れた計画都市であるが、のちの平城京や平安京に見られるように唐の長安城に倣ったものではなく、それよりもはるかに古い漢代のテキストであった『周礼』の「冬官工考記」に基礎を置いていることから、唐ではなくそれよりも七〇〇年も古い漢代の都城を目指したのではないかとの推測も成り立つ。

古代の帝王の中でこれほど唐に対抗意識を燃やした人物も稀で、天智天皇が遣唐使を重視したのに対し、天武朝からはそれを廃止して遣新羅使を一〇〇年以上続けるなど、常に唐と対抗し日本国の軍事的、文化的自立を目標に掲げた。唐では六七四年の高宗の時期に道教の最高位とされる天皇の称号が用いられている。道教に近い神道を信奉していた天武天皇がいち早くこの称号を自称したことは、深い意味を持っているように思う。遣隋使から始まり、遣唐使にいたる流れは日本から見れば対等な文化交流使に見えるが、中国にとってみれば単なる東夷から来た朝貢船と見做していたはずであり、天武天皇のような帝王は聖徳太子がそうであったように東夷でありながら不遜な存在と映ったであろう。

遣唐使を廃止し遣新羅使に切り替えることで中国と断絶した天武朝に対しては当然のことながら唐からの覚えはめでたくなく、唐は天武天皇以降数代を日本の天皇として認めなかった。

四　渡来文化と日本

奈良、京都といえば、建築をはじめさまざまな日本の伝統を育んできた原点であるといわれてきた。しかしこのことは、飛鳥京から藤原京にいたる経緯を見てもそれほど単純ではない。都市デザインの歴史として見るならば、飛鳥京などの都市造営の手法は転々と天皇の行宮を移動して造り、天皇が崩御するたびに壊すことで永続性を持たせなかった点で極めて日本独自なものだといえるが、平城京と平安京は中国の律令制を取り入れてからの都城であり、唐の長安城などの中国大陸の文化を模したものである。

都市と文化の関係については、ローマ都市に移り住んだゲルマン民族がローマ都市を破壊せずに、それを受け入れたうえで独自のゲルマンの文化を育んだような例は世界にも数多くあり、都市という名の揺籃とその中で醸成される文化とは分けて考える必要がある。しかし今、我々が日本文化のイメージだと考えているものも、さまざまな多文化との混淆を受けて醸成されてきたものも多く、現代では再度主観を排して今一度科学的に見る必要があると思う。

図1の写真に示したように、日本の彩色古墳の石室内と日本の伝統から現代にいたる道具類のデザインは、どちらも日本国内で確認された文物という点で共通しているが、彩色古墳の写真を見て日本文化のイメージだと思う人は道具類の写真に比べて少ないのではないか。マスメディアが後者のような日本文化のイメージを繰り返し我々に伝えてきたことも大きく作用しているために、そもそもこのようなデザインが日本にあるものだということもよく知られていないからだろう。

それぞれの国の文化のイメージは、星座のようにいくつかの選びとられた点をつなげて文化の像が作られていることも多い。そして文化のイメージは、選ばれた象徴的な星の種類によってさまざまに変容するものであり、時代によっても変化してきたものだといえる。星座の物語が天文学とは別物であるのと同じように、固有の文化のイメージも常に科学的な再検証をし続けて、自らの文化をより掘り下げていくことが大切であると思う。

チャイナドレスが実は比較的新しい清の時代の満洲族のものであることと同じように、それぞれの国に固有な文化を特定することは案外難しいことだといえる。なぜならば国の歴史にはさまざまな分断があり、一つのシンボルを一国の代表的なシンボルにすることは困難な場合が多いからだ。しかし現実には、それぞれの文化圏の共通認識に基づく定番化した文化のイメージというものは存在していて、それが特定の地域の文化の象徴となっていることも現実である。

固有の文化という言葉には二つの意味があると考えられる。一つは伝統的建築物のように特定の国や地域に固有な遺産として共有化されたものであり、それは象徴としてそのまま保全すべきものと捉えられているものである。もう一つは沓脱の風習や胡座や正座といった日常的な所作の中に続いている伝統文化で、象徴ではなく日常の中に生きている文化である。前者は視覚的にも意識化されやすいのに対して、後者は日常的なものであるために意識されていないものも多い。

法隆寺と沓脱の風習とどちらが古いかという問題設定はあまりされてこなかったが、実は沓脱の風習が弥生文化とともに高床式建築物が伝わった頃からのものだと想定す

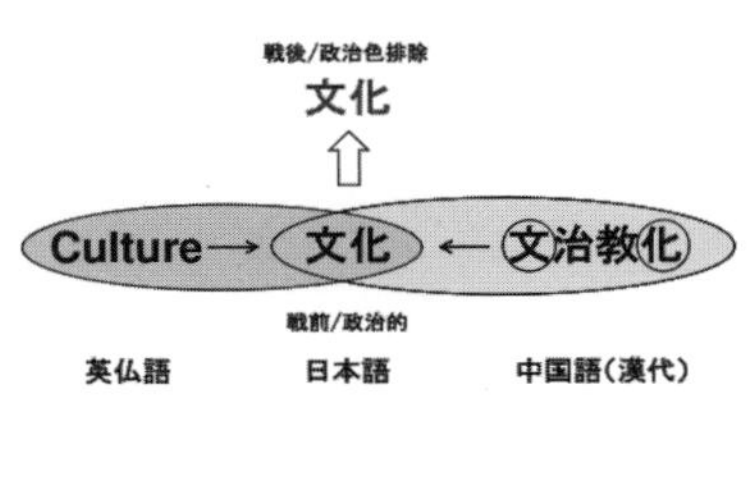

図21　和製漢語と中国語原語との乖離

るならば、古墳時代に相当するので七世紀初頭の創建とされる法隆寺よりも四〇〇年以上は古いことになる。また建築史は建築物が残っていることを前提としているものだが、土木史、たとえば水田の風景などは物というよりも繰り返し土を用いて造られ続けてきた伝統なので、多くの改良を加えられながらも古代から連綿と続いている文化だといえる。文物と所作、あるいは物の考え方や技法といったさまざまな視点から文化を捉えることで、かなり文化に対するパースペクティヴが広がるのではないかと思う。

そもそも文化という言葉自体その出自は怪しいもの、あるいは曖昧なものであったといわざるをえない。文化という言葉は日本では明治維新前後に欧米言語、英語でいえばcultureの訳語としての和製漢語として作られたものであり、明治期以前には日常用語としては存在しなかった言葉である。ある言葉があるということは、なかった場合よりも新しい意味を見出せる場合もあれば、曖昧な定義の場合にはかえって混乱をきたす場合もある図21。

文化という言葉の語源は中国漢代の文治教化からきており、徐々に民衆を教化するために用いられる統治の一形態としての意味がある。したがって欧米の訳語として現れた文化という言葉には、欧米的な意味と中国的な意味の両義性を持っていたということができる。一九六〇年代の中国で当時の毛沢東主席が文化大革命を起こした際に、あれほどの伝統的な価値を破壊しようとした文化大革命がなぜ文化という言葉を使ったのかと当時の私は疑問に思ったものだが、あのときの文化には民衆の価値観を共産主義に合わせた価値観に文治教化するという意味が含まれていたと捉えれば理解しやすいであろう。国家と民族の思想や中華思想を広めることが政府の文化大臣の役割であると考える国と、そうでない戦後の日本のような国とでは大きな隔たりがあるといわねばならない。

香港の学生が以前シンポジウムで「文化」という言葉ほど嫌な言葉はないといったので、本人の意見を聞くと文化はいつもイギリスや日本や中国から押し付けられたものだったからだということだった。この人はそうした文脈の中で文化という言葉を用いたのかという驚きとともに、私もその学生の発言を理解することができた記憶がある。日本における文化という言葉は、戦前のイデオロギーを完全に払拭しようとするバイアスがかかったものとして捉える必要があると思う。

したがって戦後の日本では文化という言葉のニュアンスには、お国自慢や観光案内的な当たり障りのない色彩が漂っているためにこの言葉に対する否定的な反応は少ないのではないかと思う。文化という言葉と政治思想は、日本では切り離されているものであり、諸外国と比べるとこれはむしろ稀少なものだといえる。冒頭の対画像図1、2(068ページ)が語りかけるもう一つの問題は、二つとも現在の日本の国土の領域で見出される文物であるという点では共通しているが、文化およびそれとつながる文化圏は現代の狭い国土の国境線の中だけで考えるべきものではないという点だ。

彩色古墳は六世紀のものとされているので、三世紀中葉から七世紀末までほぼ四〇〇年間続いた古墳時代の後期のものだと考えられる。この古墳時代は弥生時代後期と重なっており、日本列島で本格的な稲作農耕が定着した時期と一致している。また邪馬台国からヤマト王権、そして国号が倭国から日本国に移行した時期を含んでいるため、日本人のルーツをめぐる日本古代史の議論が集中する時代でもある。前半には前方後円墳が多く、次第に巨大化して世界三大墳墓の一つとして数えられる大阪府堺市の大仙陵古墳などが出現し、やがて小型化して円墳や方墳が多く造られるようになり、六四六年の大化の薄葬令により消滅する。この間には中国の史書に倭国が現れない空白の四世紀が含まれている。

まず古墳からは漢字の文献が出てこない。また仏像や仏典もないことから日本古代史を知るうえで最大の謎を握るカギであるといえる。チブサン古墳の彩色石室を見ると、これらのパターンが漢民族による中華世界とは異なる文明に属していたのではないかと思えてくる。現代のアジアという概念は、中国大陸と東南アジアを中心とするアジアの領域感が定着しているが、地中海世界から見れば以前はトルコ以東、あるいはコーカサス山脈以東をアジアと認識していたし、環太平洋のアジア文化圏というものも存在する。ニュージーランドのマオリ族から時計回りにスマトラから台湾、閩越、倭国から千島列島を通り、カムチャツカからアラスカ、アメリカ大陸のインディアン文化と、そこから南下して中南米のインカ・アステカ文明に至るリングにはもう一つのアジアの共通点が見られる。

彩色古墳の抽象的パターンはむしろこの環太平洋アジア文化圏のものであったと見るべきであり、このパターンは台湾の少数民族、少し内陸の雲南地方、エスキモー、アメリカインディアン、アステカの紋様と酷似している。またこのエリアには二〇世紀にいたるまで刺青文化が残っており、倭人についても『魏志倭人伝』の記述から顔と身体に入れ墨を持っていたことがわかる。おそらく古代にもグローバリズムのような文化の中心概念があったのであり、環太平洋のアジア文化も次第に中華世界の律令制や漢字、仏教の伝来等を通じて漢民族の規範が浸透し始めると、非漢民族的な古墳文化が消えていったのではないかと思う。このようにして見てくると、日本国における土着性と漢民族文化圏のグローバル化はいかなる相関関係にあったかが気になるところである。

先の日本の伝統的道具類の画像に見られる古墳文化の後の第二段階の近世における日本化は、刀剣が反り始め、馬上からの弓術が発達し、鎧兜が古墳時代の埴輪のものと違うものに変化した平安末期から鎌倉期を経て室町期に開花すると見て良いと思う。道具類に限らず、茶の湯や能楽なども室町時代から始まっている。それではこれらの時代の中国大陸ではどのような王朝があったのだろうか。一二七一年から一三六八年まで、中国は四～五世紀の五胡十六国に次ぐ第二の異民族王朝としてのモンゴル人による元王朝を迎える。**図22**はこうした中国大陸の王朝の中で、非漢民族の異民族王朝の時期と日本の独自の文化興隆の相関をまとめた日本文化のアイデンティティーを示している。

東アジアの三〇〇〇年の文化を地政学的な観点から見るために、中国大陸の歴代王朝

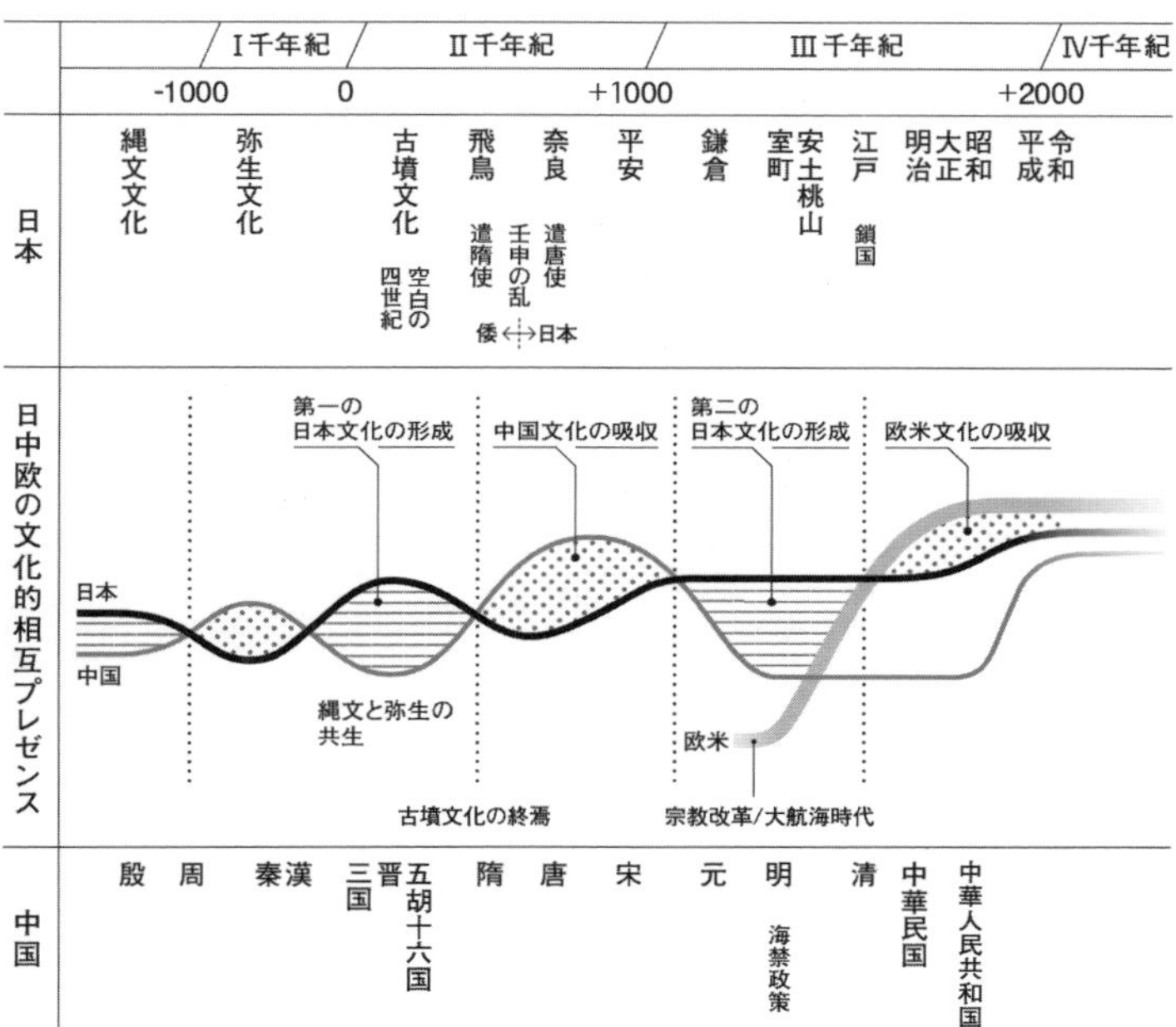

図22　日本文化アイデンティティー曲線

の性格と日本列島の文化を並列すると、日本文化の性格が浮かび上がってくる。日本の縄文期から弥生期への移行は紀元前一〇〇〇年頃からで、この頃はすでに中国では周王朝が成立しており、やがて秦から漢、そして魏・呉・蜀三国の鼎立から晋の八王の乱を経て中国華北は五胡十六国の大乱期に入る。卑弥呼が魏に朝貢した記録が『魏志倭人伝』にあり、そこから大化の改新あたりまでの倭国の時代が古墳時代となる。その間の空白の四世紀はおそらく最も多くの巨大古墳が倭国で造営された時期であり、中国大陸の漢字の文献などが見出されなかったのは日本列島の対岸にある朝鮮半島と中国華北には非漢民族王朝が多数割拠していたからであると考えられる。つまり魏以降、漢字の文献を残す朝貢の相手としての漢民族王朝を見定めることが困難な時期であったからなのである。

この弥生時代から始まる最初の一〇〇〇年期は、日本列島では縄文と弥生が共存しながら次第に特徴的な縄文土器も実用的な弥生式土器に置き換わっていった。弥生式土器は中国周代の土器と酷似しており、この時期に中国大陸の閩越からの難民として徐々に渡来した弥生人が稲作農耕と高床式建築物をもたらしたことを物語っている。次の一〇〇〇年の初めには、朝鮮半島に漢朝の楽浪郡とそれに続く帯方郡が置かれて倭からの翡翠などの交易の窓口となっていたが、やがて中国大陸が混乱期に突入したことでこうした中国の窓口も消滅していった。こうして生まれた古墳時代は、中華の王朝支配からは自立した形で独自の古墳文化を育んだと考えられる。しかし中国に隋、唐が興ると古墳文化は消滅する一方で、遣隋使に続く遣唐使が派遣され、中国の律令制度や平城京と平安京などの中国式都城も造営されていった。

これは明治維新に中国から欧米に切り替えて国を開いて、西洋の文化と学問を習得した時期と似ていると思う。隋、唐の隆盛の元での第一の冊封期と見るならば、第二の冊封期は明治維新の欧米に対するものであったと捉えることもできる。もちろん冊封期とは例えで用いたものであり、征服による支配下におかれていたものとは違う。奈良朝から始まる中国文化の吸収と、明治維新期の欧米の学問の吸収はその時代の日本にとっては不可欠なものだったことはいうまでもない。また当時の唐や明治期以降の欧米には留学生を受け入れ、留学生からも尊敬される優れた人材がいたことも事実だろう。遣唐使で唐に赴いた阿倍仲麻呂が帰国の際には詩人王維が送別の歌を読み、その後遭難したとの誤報を受け、詩人李白が追悼文を残したことなどもその証だと思う。

天武朝では同時に国としての対外的な見え方、特に国史の編纂等を充実させる必要が生じたために、ヤマト王権は国名を倭国から日本国に変えて『日本書紀』の編纂を天武天皇が命じることになった。この天武朝からの一〇〇年間、すなわち中国の唐代では日本と中国の関係は険悪になり、遣唐使は一時廃止されて遣新羅使に切り替えられていることは前項で述べた。これは唐と対立して敗れた倭国最後の白村江の海戦の戦争賠償を国名を変じて回避したことや、同盟国であった滅亡した百済の官僚を多数近江に引き受けたことや、その後新羅と同盟を結んで唐と対立関係になったことによるもので、唐王朝もまた天武以降数代の天皇を承認していないことを見ても明らかである。

その後中国では唐、宋の漢民族王朝の時代を経て高い文化を構築するが、宋代に再び北方騎馬民族の圧迫により衰微し、ついにチンギスハンを主領とする異民族のモンゴル人による元の支配下に入る。これが鎌倉後期から室町にかけた時代に相当するので、ここから再び日本文化が独自性を取り戻すことになったことは一概に偶然とはいえないのではないか。元はその後漢民族王朝の明に移行するが、室町期から安土桃山時代を経て江戸初期に相当する明は、海禁政策をとっていたため直接的な中華漢民族文化の影響と介入は少なかったといえる。さらに江戸幕府もまた鎖国政策をとったため、東アジアとは比較的没交渉となった。

この現代にいたる一〇世紀から二〇世紀にいたる三番目の一〇〇〇年期で、特筆すべきことは西洋世界での宗教対立から引き起こされた大航海時代が起きたことである。このときの西洋の植民地化による世界地図の塗替えが今日まで続いていることは驚嘆に値することだと思う。ルターによる宗教改革によりキリスト教世界の分断を危惧したローマ教皇によってスペインとポルトガルを皮切りに、アフリカ、アジア、中南米を中心に世界全体に西洋によるクローバル化＝植民地化がもたらされた。中国大陸では明に代わり再び非漢民族の満洲族による清王朝が成立し、これは江戸初期から明治期までに相当する。

この段階ではすでに欧米のアジアにおけるプレゼンスは拡大しており、アジア諸国もこれまでになく中華文化圏とそれ以外の文化圏という構図から欧米とアジアという服従と対立の状況に変わっていった。いかなる文化圏も井の中の蛙のように純粋培養されることはなく、さまざまな外来の文化との触発と混淆の中で発酵していくものだと思う。ただそこには程度やバランスがあり、日本の場合は紀元前一〇〇〇年から紀元後一〇〇〇年までの二〇〇〇年間は、やはり中国漢民族文化との強弱の中で日本文化の独自性が現れたり抑制されたりしたということではないかと思う。欧米との接点が始まる三番目の一〇〇〇年期から今は四番目の一〇〇〇年期に入ったわけだが、インターネットのグローバル化と移動手段の高速化が進み、隣接する国の間での文化的交流だけでは収まらない状況が立ち現れている。

コロナ禍のような疾病問題や国際金融問題、ウクライナへのロシアの侵攻に対する制裁問題を見ても、もはや国際社会がまとまって協力することがいかに重要であるかを今日では目の当たりにするようになった。また大国を自称する国々の劣化も甚だしく、周辺国に対して恫喝と経済力だけによる冊封化を強要するようなやり方ではやがて孤立して、世界からの尊敬を失うことは火を見るよりも明らかだ。こうした中で文化のイメージについても、相互の文化的多様性を尊重しながら国際協力による科学的な研究などを通じて文化交流を高めあうきっかけとなり、世界の文化をより豊かにするような多文化共生のあり方がいっそう進んでいけば良いと願うところである。

＊次の項では、日本が倭国と呼ばれていた時代の古墳時代についての私の記述を引用したいと思う。日本の夥しい数の古墳からは石室内部から漢字が出土しておらず、弥生時代晩期と重なるこの時代には、中国を中心とする文明圏からはいまだ離れた地域として独自の文化が形成されていたと考えられるからである。

五　倭の記念碑——前方後円墳

前方後円墳

古墳時代と呼ばれる倭国の三世紀中葉から七世紀末の約四〇〇年間に、北海道、東北地方北部の青森県と秋田県および沖縄諸島を除く日本列島のほぼ全域に大小織り交ぜて約一六万基の古墳が造営された。この驚くべき数字は古墳時代に平均年間約四〇〇

図23 大仙陵古墳、大阪府堺市／国土地理院

基、すなわち一日に一基以上が造営された計算となる。国土が狭くしかも山地が八割を占める日本において、この異常ともいえる古墳の多さは中国大陸、朝鮮半島からユーラシアを見渡しても他に類例を見ない。古墳は日本古代史を解明するうえでも最も重要な遺構であるといえる。

一方世界文化遺産にも登録され、エジプトのピラミッドと中国の秦の始皇帝陵と並び、世界三大墳墓に数えられている大仙陵古墳は、他の多くの大和地方の巨大古墳とともに天皇家の陵墓とされていることから、宮内庁の管轄下にあってその発掘は固く禁じられている。古墳という名の日本古代史の鍵の多くは開けることができないままでいる**図23**。

古墳時代は初期の三世紀中葉から六世紀中葉までが前方後円墳の時代で、それ以降は徐々に造られなくなり、規模も小型化して形式も円墳、方墳、八角墳などに変化していった。最終的には七世紀半ばの大化の薄葬令をもって古墳時代は終焉を迎える。ここでは日本古代史の原点ともいえる巨大前方後円墳の出現とその消滅の原因に焦点を当てたいと思う。

大仙陵古墳や上石津ミサンザイ古墳などの巨大前方後円墳は、明治初期の植樹により今は鬱蒼とした常緑樹の森になったが、造営当時は数段に及ぶ土盛りの上に葺石（ふきいし）が敷き詰められていて一木一草生えておらず、遠方から見れば大団地の雛壇造成のように見えたはずだ。その向きもさまざまで当初は私はこの古墳の向きに一定の法則があるのではないかと調べたが、結論はそれぞれの地形において当時の海や陸路から最も目立つように造営されていることがわかった。

古墳の分布は日本列島の海岸線の水田地帯に多く見られ、内陸部にあるものは奈良盆地や松本盆地の安曇野などのかつての沼沢地や湧水地周辺に集中している。その土は主として周囲の掘割を造るときに出た残土が使用され、それでも足りないときには周辺の山から持ってきたようだ。中にはすでにある地山を用いた例もあった。そして水田開発の際の残土を用いたこともあったに違いない。それにしてもこれらの巨大古墳の被葬者は誰で、造営に参加したのはいったい誰だったのか。

空白の四世紀と倭の大王の墓

現在宮内庁により天皇陵と定められているものの中で、神武天皇陵から天智天皇陵までの三八基が古墳時代の造営とされる。そのほとんどが前方後円墳であり、江戸時代の山陵治定によって特定の天皇の陵墓に定められてきた。しかし欠史八代といわれる神武以降数代は実在が疑われており、その他の陵墓の江戸時代の比定にも疑義をはさむ余地が多いことから、大仙陵古墳などもかつてのように仁徳天皇陵とは呼ばれなくなった。

全国に五〇〇〇基ほどもあるこの前方後円墳の出現とその消滅までの時代にはある特徴があることがわかる。それはこの時代が中国華北の混乱期五胡十六国の時代と一致していることである。史書を残す安定した漢民族王朝がなかったことが日本古代史の空白の四世紀を生んだ。しかしこの時代は決して空白であったわけではなく、東アジア周辺と倭国は激動の時代だったことがわかる。

巨大前方後円墳は、百済聖明王から蘇我氏を通じて伝来した仏教や漢字の輸入、聖徳太子による仏教興隆と遣隋使の派遣、およびそれに続く遣唐使を通じた中国の律令制の導入といった大陸のグローバリズムに触れたときに忽然と姿を消すのである。古墳造営も、蘇我氏のような仏教系の国際派ではなく、より古くからいた神道系の物部氏が担っていたことが考えられる。物部氏は蘇我氏と排仏崇仏をめぐる論争で対立し、物部守屋は蘇我馬子によって西暦五八七年に誅殺される。丁未の乱と呼ばれるこの事件は大化の改新以前の極めて重要な日本古代史上の出来事として銘記されるべきものだと思う。その歴史的な意味は東アジア情勢の窓口であった蘇我氏と内政的で国内統治に深く関わっていた物部氏との権力抗争であり、仏教と神道の宗教戦争でもあった。この頃から畿内の前方後円墳は造られなくなる。物部氏の盛衰はまさに前方後円墳の出現と消滅と軌を一にしている。

大化の改新によって蘇我氏が滅亡すると、百済再興に巻き込まれた天智天皇は白村江において唐と新羅の連合軍に敗れ百済とともに滅びゆく道をたどった。この危機を脱すべく、すでに唐と疎遠になりつつあった新羅と同盟を結んで唐と距離をおき、伊勢神道を奉じ国号を倭から日本に改めて天皇を自称した天武天皇が、壬申の乱を経て日本国の統治者になった。

もし日本に初代の国王という人がいたならば、大海人皇子から天皇に即位した天武天皇であったろうと思う。しかし天武は初めて天皇を自称しても、初代を名告らず、王権簒奪の印を残すことはしなかった。自らを第四〇代天皇として、以前の倭の大王を全て万世一系の天皇として位置づけて、国史としての『日本書紀』の編纂を命じた。ヤマト王権の初期前方後円墳を、倭の大王の陵としてではなく日本国の天皇陵として鍵を固く閉ざしたのも天武天皇の亡霊のなせる技ではなかったか。

倭人の来た道

巨大前方後円墳が倭国の記念碑だとすれば、それを造った倭人とは何者であったのだろうか。中国の文献で倭人に関する最も古いものは『論衡』で、周代の紀元前一二〇〇年から紀元前一〇〇〇年の縄文時代晩期から弥生時代初期にかけて倭人と呼ばれる集団が揚子江流域に存在していたことを古代史学者の鳥越憲三郎は指摘している。氏はその中で、周代初期の成王のときに天下太平の印として「越裳白雉を献じ倭人鬯草を貢ず」という記述があることに着目する。越裳（エッショウ）とは中国南部にいた部族のことで、鬯草（チョウソウ）とは酒に浸して香り付けをする薬草のことである。

鳥越は、ここでいう倭人とは日本列島にいた倭人ではなく、雲南の滇池周辺において稲作農耕を見出し、高床式建築物とともに中国北部の畑作牧畜民の南下に押されて徐々に揚子江を東に下り三つのルートに分かれて渡海し、日本列島に移住した弥生人の祖先であると指摘している。

三つのルートとは、雲南から揚子江を下り台湾を経て九州にいたるルート。もう一つは、揚子江河口付近のかつての呉から九州に渉るルート。三番目が揚子江下流からいったん北上し、山東半島から遼東半島を経て朝鮮半島から済州島経由で九州にいたるルートである。呉は地理的に見て九州に最も近く、呉の滅亡時に大量の難民として九州に渡来して弥生人となった可能性が高い。倭人は呉の末裔であるとする伝承が九州に残るのも、日本語の漢字の音読みが古代の呉音と近いことを見ても呉からの渡来人が多かったことを裏づけている。

西暦二三八年、楽浪郡と帯方郡を支配していた遼東半島の公孫氏は魏に反旗を翻して破れたのち、魏の敵国の呉と結んでいた嫌疑により魏将司馬懿によって七〇〇〇人の成人男子とともに遼東で斬首されている。以後楽浪郡と帯方郡も衰退して滅亡した。中国大陸では呉が滅亡し、魏の後を継いだ晋が中国を統一するが八王の乱と呼ばれる内戦に突入し、やがて北方騎馬民族を華北に呼び込む結果を招いて四世紀から五世紀半ばまで五胡十六国の群雄割拠の混乱期に入る。そして『魏志倭人伝』に記されている三世紀前半に生きた邪馬台国の女王の卑弥呼の時代から古墳時代が始まる。

つまり日本列島における初期巨大前方後円墳の時代は、大陸では『三国志』で知られる魏、呉、蜀の漢民族の内乱期から、非漢民族の胡族の割拠する中国最大の動乱の時代に対応している。中国吉林省集安に高句麗広開土王の碑文が残されていて、空白の四世紀後半に朝鮮半島に渡海して攻め上ってきた倭を高句麗が撃退したことが記されており、四世紀の朝鮮半島もまた高句麗、新羅、百済と倭を交えた戦乱の場であったことがわかる。倭国で巨大前方後円墳が造営され始めた頃、玄界灘北方の黄海の両岸の半島と大陸では激しい動乱と流動化の時代を迎えていた。

こうした両岸の戦乱を逃れて流転を余儀なくされた難民が、黄海を南下して倭国に到来したことは想像に難くない。巨大前方後円墳の造営はこのような人の動きが活発化していた歴史の転換期と無関係ではない。人口が多くなければ、あのような巨大古墳をそもそも造ることはできなかったからだ。

江上波夫の「騎馬民族日本征服王朝説」は、四世紀から五世紀にかけて北方騎馬民族が倭国に来冠して騎馬民族征服王朝を建てたとする説で、戦後の日本古代史に大きな影響を与えた。しかし、もともと農耕を行わず過疎の乾燥したユーラシア平原を支配した北方騎馬民族が、当時、湿地帯だらけの倭国に大挙して馬を伴って侵入し征服王朝を打ち立てたとは考えにくい。また天皇家の大嘗祭などにも騎馬民族文化の痕跡が見当たらないことからも、この学説の蓋然性は低いように思う。鉄や銅の精錬技術などの高度な文明を突厥系の騎馬民族が、またシルクロードを通じて多くの西方の文物を騎馬民族系の渡来人が日本に伝えたことは疑う余地のないことだが、こうした文化の流入と多数の難民を伴う人の流入とは分けて考える必要があると思う。

弥生系渡来人と縄文系倭人との交配

日本人の身長を各年代の人骨から調べた興味深いグラフがある。これによると男性、女性ともに明治維新以前で最も高身長だった時期は古墳時代である。明治以降の伸びは、明らかに従来の食糧事情に洋食の肉食が加わったことによるもので、海外からの民族の流入によるものではない。しかし、古墳時代を頂点とする身長の伸びは、流入した異民族と先住民との交配からきたものではないか。またこの身長グラフが、古墳時代を境に江戸時代まで下降の一途をたどったのも、この高身長の移民の渡来が古墳造営の一時期であって、その後は先住民と同化していったことを物語っている。

山口県に、日本海に面する土井ヶ浜遺跡という埋葬遺跡がある。海岸沿いの砂丘の中に、東に背を向け西を向いて胸で手を合わせる形で約三〇〇体の人骨が埋葬されていた。この中の七八体は平均身長一六三cmと縄文人よりも三～五cmほど高い体格の良い男性の遺骨で、体に石鏃が打ち込まれたものもあって戦士の墓と呼ばれている。この遺跡からは鳥を抱いた壮年女性のシャーマンと思われる人骨も発見されており、鵜が稲作農耕民にとって安産と豊穣をもたらす霊力を持つと信じられていたことから四世紀頃、稲作農耕とともに中国沿岸部から渡来した半農半漁の弥生人と推定できる。

その後の調査により、山東半島から出土した人骨と酷似していることが確認され、右腕に南方産のゴホウラ貝の腕輪をしていたことから部族の出自はより南方であったことが考えられる。この戦士たちは先住民との抗争に巻き込まれたのであろうか。これは明らかに海人族と呼ばれる高度の漁法と航海術を持ち稲作農耕の知識も持っていた人々のことだ。海人族は閩越の漂海民に起源を持ち、東シナ海を北上し山東半島、遼東半島を経てから南下し、朝鮮半島西岸を経由して玄界灘に到達したと推定される。これは前述した倭国への弥生人渡来の第三の経路とも同じであり、この経路のどこかで高身長とされる北方騎馬民族、すなわち胡人の血と混ざり合ったのではないかと思う。

この第三の経路が海人族にとってなぜ重要であったのかについては、三つの理由を考えることができる。一つは対馬海流が運ぶ暖流のために、黄海から渤海湾にかけての水路はカツオなどの南方系の魚とタラなどの北方系の魚の入り混じる極めて豊かな漁場であったこと。二つ目は遼東半島と山東半島の間の水域は波が静かであったために、港を設けずに内陸の危険にさらされず沿岸の沖合に船を係留することができたこと。三つ目はこの二つの半島では戦乱が絶えず起きており、南部からの米をはじめ漁によって獲た魚などの食糧は兵糧としての需要が高かったことである。

シルクロードを通ってきた文化と文明や中国の文物が日本列島にもたらされたのは、これまで朝鮮半島内陸ルートであると考えられてきたが、実は中国沿岸部の黄海周辺海域に拠点を持つ海人族の船団ネットワークによるものではなかったか。私の見立てでは、三世紀から四世紀にかけて弥生系稲作農耕民と多数の胡族の難民を船で運んだのも海人族であったと考えている。この渡海を通じて多くの難民は、家族、仲間と自らの安全を託した海人族との結束を強めたに違いない。この集団は単なる漁民集団ではなく、のちに安曇氏、和邇氏、三輪氏、尾張氏、宗像氏など多くの有力氏族を生み、銅鐸、銅矛文化を持ち、龍蛇と太陽を信仰し、稲作農耕とも深く関わったとされる。このようにして地方に定着した彼らは豪族となったと考えられる。

先に触れた物部氏は太陽神の饒速日（ニギハヤヒ）を祖神とし、その妻三炊屋姫（ミカシキヤヒメ）は出雲の大国主命の息子の事代主神の娘である。国譲りの神話によれば、大国主命は天孫族の代理者から国譲りを迫られると息子の事代主神が三保ヶ崎で漁師をしているので意見を聞くようにという。事代主神は国譲りを受諾し、船をひっくり返して青柴垣（アオフシガキ）に変えてその中に隠れたといわれている。この奇妙な神話は今でも島根県の三保関町に青柴垣神事として残っている。漁船の上にサカキの束を建てるこの不思議な神事こそ、海人族が天孫族に出雲を譲って漁業から農耕に切り替えたことを象徴してはいないか。出雲大社はその褒美として与えられたものだろう。

物部氏は鉄器と武器を掌管する氏族として知られるが、これは古代出雲の鉄の製錬法として知られるタタラと関係が深く、そこから山を越えて隣接する瀬戸内側の吉備の楯築遺跡には二世紀後半から三世紀前半とされる最古期の古墳があり、箸墓古墳と同様の大陸系の版築が用いられていることから大和地方につながる前方後円墳の原点であったと考えられる。このことから父系の祖神が神武東征に従った饒速日であり、母系の祖神に海人族を持っていた物部氏こそが同胞の海人族とともに水田と前方後円墳を全国に広めたことが想定できる。

松本盆地の美しい湧水地で知られる安曇野を拓いた海人族の安曇氏も穂高古墳群と呼ばれる円墳を数多く残しており、海から入った海人族が河川を遡上し、水源を抑えて水田を開発したことを示す貴重な証ではないかと思う。有力な海人族の安曇族が入植した場所には、安曇野のほかにも渥美、熱海、厚見、安積、吾妻、安土などの地名が残されている。海と山が近接している日本では、農業と漁業の双方に必要とされる鉄製農具や鉄製漁具を製作する秀でた技術を持っていた海人族のような技能集団が必要だったといえる。

弥生時代全般の人の移動は一〇〇〇年以上にわたる緩慢なものだったが、東アジアが激動期に入った三世紀半ばから五世紀後半までは集中して流民が発生した時代だったと考えられる。流民はすぐ隣に移動するのではなく、その移動距離は長いという特徴を持つ。彼らを引き寄せるものは、戦乱のない平和と食の保証のある安定した生活ではなかったか。そのことはシリアからドイツを目指す難民の長い列を見れば明らかである。これと同様に、三世紀中葉から空白の四世紀にかけての倭国もまた、東アジアの流民が目指す新天地であったことが考えられる。戦乱を逃れてやってきた海人族が率いる渡来系流民集団こそが各地に割拠し、豪族化し、倭国の初期古墳造営の実質的な担い手になったのだと思う。しかし、豪族化した渡来系弥生人は、なぜ古代閩越語をはじめとする自らの言語を放棄したのであろうか。このことは日本人のルーツを考えるうえでも重要なポイントであると思う。

縄文時代晩期の人口は七、八万人といわれるが、弥生時代中期には六、七〇万人となったことが知られている。この人口増は、閩越から絶え間なく渡来する弥生系難民がもたらした稲作農耕による生産力の向上が、多人数の集落の形成を可能にしたからだと思う。このように縄文系倭人と弥生系渡来人とは、土井ヶ浜遺跡に見られるような局部的な戦闘はあったにしても、両者は緩やかに融合していったのではないかと考えられる。そして言語については、列島内の倭人の母集団が間欠的に漂着する渡来民の小集団より大きかったために、逐次、移民を内包していった結果ではないか。また農産物と海産物の交易をはじめ、古墳造営などの建設の集団的共同作業が行われたことこそが、雲南から閩越にかけての多言語が倭語に収斂されていったさらなる要因ではないかと思う。家族の形成と交易と建設労働には尺度の共有をはじめとする言語の統一が不可欠だったからだ。

ヤマト王権と水田開発

古墳は土の移動を伴う「土でできたモニュメント」である。今でこそ土の大量移動は自然破壊の象徴と見なされるが、身ぐるみを剥がれて倭国に到来した難民にとっては、水田耕地を開拓し大量の土を運ぶことは生活の保障を得られたことの証であったに違いない。そしてそれに貢献した豪族はヤマト王権のお墨付きを得て前方後円墳造営の権利を与えられ、死後の世界を安堵されたのではなかったか。

編者の上田篤と田中充子による共著『蹴裂伝説と国づくり』（鹿島出版会、二〇一二）には国土史の視点から古代の水田開発に関する貴重な踏査記録が記されている。ヤマト王権成立期の日本の国土は、現在よりもはるかに湿地帯と湖沼が多く藪蚊と虻の跳梁する住みづらい場所だった。

奈良盆地の中心にはかつて大和湖と呼ばれる湖沼が広がっていた。倭迹迹日百襲姫（ヤマトトトヒモモソヒメ）という三輪山の支配者である大物主神の妻によって干拓され、水田農地となった。そして大物主神は出雲海人族と物部氏の祖でもある。これが物部系豪族の統率により大和地方の巨大古墳群が生まれた経緯と考えられる。また利根川の上流の沼田には、かつて中心に大きな沼が広がっていた。伝承によればヤマトタケルはこの地に半年間滞在し「ミズチを退治し大沼を干し上げ沼田を開き地元豪族の娘を娶った」といわれている。ヤマトタケルは四世紀前半の景行天皇の皇子で、熊襲征伐ののちの蝦夷征伐の際の東征のときだったと考えられる。

これが古代の「蹴裂き」と呼ばれる治水・水田開発のことで、具体的には赤城山と子持山に切り通しを設けて水を流し湖盆を水田にした。タケルの副官に建稲種命というものがおり、そのイナダネという名が文字通り水田づくりの使命を帯びていたことを暗示している。こうした蹴裂き伝承はこれらの例に限らず全国に多数残されている。しかし一六万基も造られた古墳も、律令国家を目指す「薄葬令」が施行されると一斉に造られなくなった。これは豪族時代が終わり、ヤマト王権の支配が強化されて律令制に従う中央から授けられる官爵がすべてものをいう時代となったからである。古墳時代の終焉は地方豪族の時代から中国風の律令国家の時代への移り替わりを象徴しているといえる。

本稿の執筆にあたっては、先人たちの優れた日本古代史の研究に負うところが大きいことはいうまでもないが、その知見を糧に私自身の建築家としての建設に関わる視点を加えて古代史の再構築を試みた。二〇世紀のマルクス主義史観のもとでは、巨大建造物の背景には強大な権力が存在し、建設労働者をすべて奴隷と見なす短絡的な史観が主流となっていた。しかし建造物は権力と財力と奴隷だけで成り立つほど単純なものではない。それは人間と自然と時間の葛藤の中で生み落とされる文化的所産である。

歴史には建築のようにそれ自体が残ってこそという象徴的なものもある。一方水田開発や治水事業の場合、人為の歴史はのどかな田園の無為自然の中に身を隠している。蹴裂きによって水田に生まれ変わった倭国の土と、海の彼方からやってきて山野を跋渉した倭人の足跡とは、寡黙で謎に満ちた記念碑としての前方後円墳の中に静かに眠っているのである。

＊　上田篤編『建築から見た日本』（鹿島出版会、二〇二〇年）収録の第九章、團紀彦「倭人造墳」より転載

Ⅳ　都市と自然

図1 トルファン郊外の火焔山

図2 トルファンの都市

都市と自然の関係は多様な自然環境を持つ広い世界の中では
必ずしも同一であるとは限らない。
中国の新疆ウイグル自治区のトルファンでは自然の中には緑は少なく、
都市に近づくほど緑が増えてくる。
郊外の乾燥地帯は時に灼熱の大地となるからで一木一草育たない。
街が緑に見えるのはカレーズと呼ばれる地下水路を人々が引いて
ブドウを育てているからだ。
ここでは都市の外の自然に豊かな恵みはなく、
緑は都市の中で人の手によって大切に育てられている[図1、2]**。**

図3　パルマノーヴァ、イタリア北東部

Part 1　自然観と都市観

一　求心的都市と多元的都市

一六世紀末に、イタリアの東の国境を脅かしたオスマントルコ帝国の侵攻を食い止めるために造られた要塞都市パルマノーヴァは、周囲に堀と堅固な城壁をめぐらせて中にいる人間を守っており、中心には拠り所となる広場と教会が設けられている図3。城壁の外には畑と自然の緑が広がっているが、空から見るとあたかも人間界がその外にある自然界と対峙している様子が映し出されている。一方、一八世紀の蘇州を描いた姑蘇繁華図図4は、その時代の蘇州の繁栄を描いており江南地方の豊かな水と緑が人間と等価に描かれている。都市の外形輪郭は周辺の自然の中に曖昧に溶け込んでおり、明確な多角形の外形輪郭を持つパルマノーヴァと対照的である。蘇州の絵には中心はなくそれがゆえに平和に見えるのが印象的だが、パルマノーヴァは明確な中心を持っていることが街全体の一体感と外界と戦う人間の意思を示している。

このようにパルマノーヴァでは都市と自然が明確に分かれているのに対して、蘇州では自然と都市の境界すらないと思えるほどだ。そもそも都市と自然は対立する概念だっ

図4　姑蘇繁華図、中国蘇州、一八世紀

たのか。むしろ蘇州の街では、自然と人間が出会う理想郷として都市が構想されているようにも見える。そしてこの絵の背景には、人と自然を等価に見る東アジア的な世界観があるように思う。一方別の見方をすれば、人間は自然破壊という罪をおかし、そのことによって自然からの逆襲としての罰を受けるといったキリスト教的な罪と罰による人間と自然に対する理解の仕方もある。また人間と自然は双方に対して危害を加える可能性を持っているが、どのように付き合っていくかによってお互いを守りながらそれぞれを豊かにすることもできるといった人間と自然に関する共生的な価値観もある。

このように、こうした自然観と都市観は地域文化や宗教観によっても異なり、東アジアのものとヨーロッパや中東の考え方ともそれぞれ異なるものであり、一元化してグローバル化することは必ずしもできるものではない。それだけに都市と自然と人間のあり方を考えるためのさまざまな認識モデルを持ち、それらを相対化しながら都市と自然の未来を考えることは両者の豊かな関係を創り出すために極めて大切なことだと思う。

都市や建築は一つの思想や考え方だけで構築されるものでは必ずしもない。そこにはさまざまな目的や当時の建設者の発意があり、その都度付け加えられたり改善されたりして生成変化しながら今日にいたっている。パルマノーヴァの例では、都市防衛というおおもとの考え方が今にいたるまで都市の形状に残されているが、蘇州は、江南の運河や自然と人間が共存しているうちに、生活の営みの中で結果的に豊かな都市空間が紡ぎ出された都市の例だ。

このように都市が造られた経緯と、その後の成長は複雑に絡み合っている。雪の結晶のように、核となった人間の発意は今は消滅しても、その後どのように発展したかについてさまざまな考え方が反映されるものもあり、都市は人間の多様な考えを映し出す鏡だといえる。求心性と多元性は、今日にいたるまで人間の連綿と続く二つの思考を代表するものとなっており、それらは時に相容れないものとして長い相剋の歴史を刻み続けてきた。

二　日本にある二つの森

鎮守の杜と里山

神社の鎮守の杜[図5]は紅葉も落葉もしないもので、里山[図6]は紅葉して落葉するという事実は日常生活の中であまり意識することはないかもしれない。しかし「鎮守の杜」と「里山」は全く異なるルーツと森林文化を背負ったものであり、日本のどこにでもよく目にする里山の水田の中にポツンとある小さな鎮守の杜のある景色[図7]は、東アジアのしかも日本にしかない大変珍しい共生的な風景だといえる。東京都渋谷区にある明治神宮は一九一五年から造営されたもので、ちょうど一〇〇年ほど前の一九一九年に完成している。敷地は明治政府が彦根藩の井伊家から買い上げた御料地で、隣はのちに代々木公園

図5 鎮守の杜

図6 里山

図7 鎮守の杜と里山の共生

となる陸軍の練兵場だった。

植樹はもともとあったアカマツのほかに、スギやヒノキと将来の主要樹林となるカシとシイを植えた。本多静六を中心に計画されたこの林苑計画は、人間の手をいっさい加えずに一〇〇年間で永遠の杜としての常緑照葉樹林に自然遷移させる世界にも稀な計画だった。一〇万本の全国からの献木を募る際に「花の咲く木と実のなる木」を除外したのは、人間と鳥や昆虫が近づかない神聖な森にするためだった。その後落ち葉を杜に戻

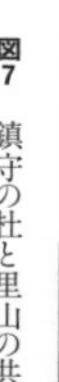

＊照葉樹林文化論とは、民族学者佐々木高明、植物学者中尾佐助らが提唱したもので、雲南、貴州から江南を経て西日本にいたる常緑広葉樹林帯には、日本の生活文化の基となる共通点があるとする学説

図8　雲南アカ族の鳥居

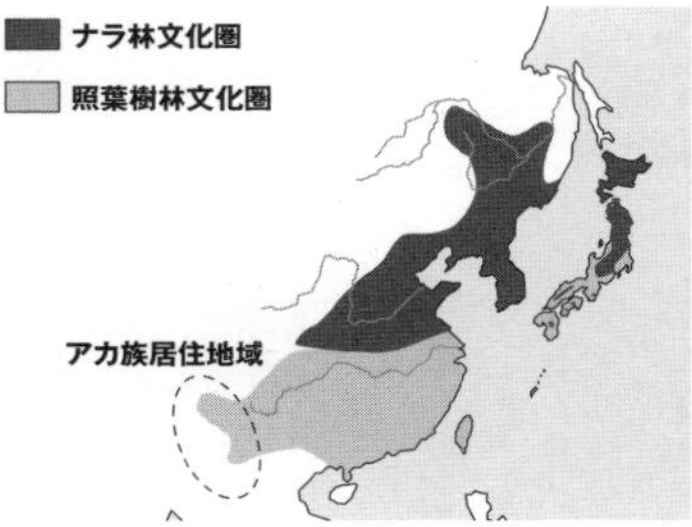

ナラ林文化圏
照葉樹林文化圏
アカ族居住地域

図9　ナラ林文化圏と照葉樹林文化圏

す以外は、移植や間伐や施肥はいっさい行っていない。明治神宮は造営から一〇〇年以上が経ち、当初の計画通りその大半がカシやシイなどの常緑照葉樹林に遷移した。

「照葉樹林文化圏*」は雲南から揚子江の南を経て台湾を通り九州から関東にかけて広がっており、棚田の風習、ふんどし、発酵食品、餅などの共通点が指摘されている。雲南には鳥居の原型もあり神聖な杜の入り口に設けられている図8。一方、黄河から朝鮮半島、日本の東北地方から関東関西にかけて「ナラ林文化圏」があり、これは紅葉し落葉もする里山として人と自然の共生のモデルとなっている。関西から関東にかけてはこの二つの森が混在していることになる図9。国木田独歩の『武蔵野』には里山という言葉は出てこないが、そこに描かれているのは人の気配のする雑木林と原野の織り混ざった風景であり、まさに人と自然の接点としての明治期以降の東京の里山そのものである。

『万葉集』以来詠まれた武蔵野の歌には、ススキやオギやカヤばかりが歌われていて雑木林は出てこない図10。

玉に抜く露はこぼれてむさし野の
草の葉むすぶ秋の初風
西行『新勅撰和歌集』平安時代末期

行く末は空も一つの武蔵野に
草の原より出る月影
九条良経『新古今和歌集』鎌倉時代

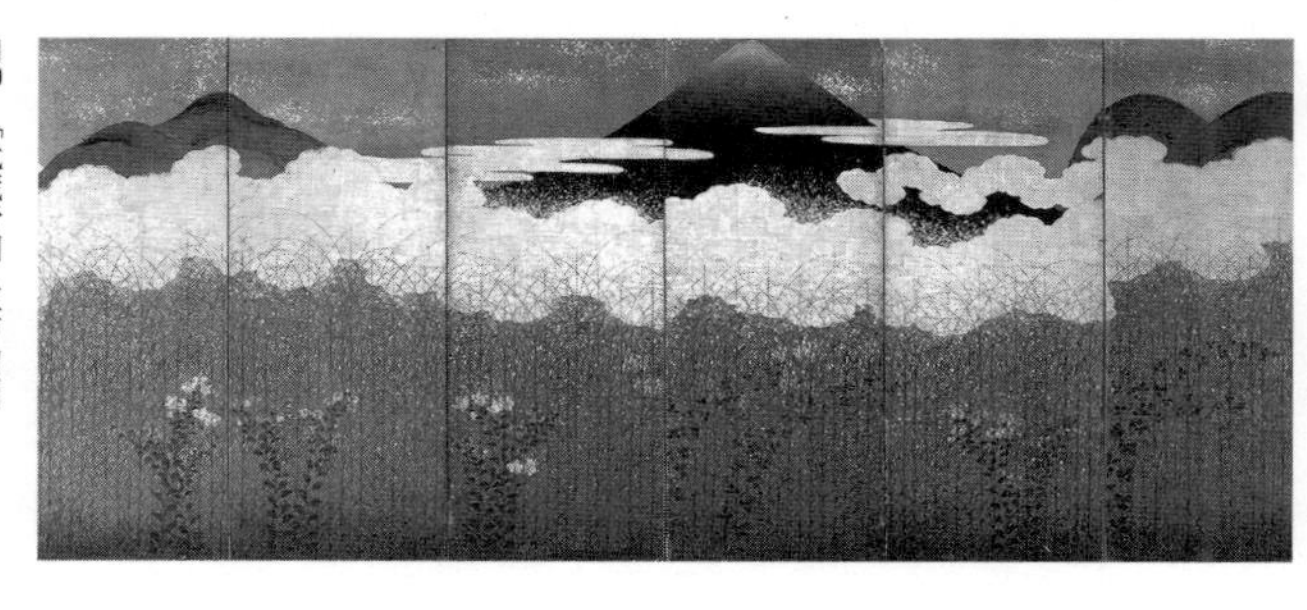

図10　「武蔵野図」江戸初期
（次頁右）図11　竹藪
（次頁左）図12　竹林の庭園

武蔵野は月のいるべき峰もなし
尾花が末にかかる白雲
藤原通方『続古今和歌集』鎌倉時代

むさしのは木陰も見えず時鳥
幾日を草の原に鳴くらん
一色直朝『桂林集』安土桃山時代

このことは歌が詠まれた古代、中世から近世にかけて武蔵野の植生が変化したことを示している。江戸の人口が一〇〇万人を超えて世界一になった一八世紀半ばの享保の頃、玉川上水が引かれて新田開発が進み防風林としてナラやクヌギなどの落葉樹が植えられた。それが『武蔵野』の雑木林につながっている。都市化が進み武蔵野の記憶は西の郊外に限られるようになったが、都市公園などには武蔵野の面影は生かされてきた。明治神宮と代々木公園には「鎮守の杜」と「武蔵野」という二つの森の幻影が隣り合って生きている。

三　藪と庭園

図11は竹藪の写真、**図12**は竹林の庭園の写真である。竹林が地下茎によって繁殖することはよく知られているが、密になりすぎた竹林を多少間引いて風を通りやすくすることで、藪蚊の発生源にもならずに多少光も差し込んでくる。そうしたうえで、毎年生える筍を食することで竹林は里山化して人と共生できるようになる。しかしいつも思うことだが、こうした人為が介在することで竹にとってどれだけ良い結果をもたらすのかは、植物学的な問題だけでなく哲学的な問題を孕んでいて、私にとってはいまだに謎である。

里山とは人を含めた動植物とのバランスのとれた生態系を指す言葉だが、人がいつもバランスのとれた手入れを自然に対してし続ける保証はなく、過剰な改変を加えれば自然破壊の問題につながる一方で、手入れを放棄すれば荒れ放題にもなる。以前訪れた台湾の澎湖群島の望安島で見た家屋の廃墟では、かつて人が住んでいた家の中は、今は木が占拠する棲家となっていたので入り口から中に入って驚いた。むしろ外の路地のほうが人が住んでいた頃のままであったことが逆の対比で面白いと思った。これは人家ならぬ樹屋だと思った図13。昔は人を守っていた石壁が今は樹木を台風から守っているかのようだ。

このような自然と建築の相剋の例としては、この望安島の樹屋のほかにアンコール

ワット遺跡と榕樹との戦いを思い出す。人間と自然の関わりはさまざまで、人間は建築を通じて自然と戦いながら、時には守る側に立つこともあり、両者の相剋と共生は紙一重だといえる。そして建築はそうした自然への抗いを文化的なものにまで高める行為であり、やがては朽ち果てて自然に戻ることを人間は誰しもが皆知っているのだと思う。

図13　望安島の樹屋

（次頁右）図14　都市東京
（次頁左）図15　自然界の藪

四　都市は・自然

図14は都市東京、図15は日本の山野の藪の写真である。私はこの二枚の写真には大いなる共通点があると思う。ともに多様な要素と混在しながら生成変化する生命力がある点だ。建築家黒川紀章が「機械の時代から生命の時代へ」というマニフェストを掲げた一九五九年からすでに六〇年以上が経った。世界の都市認識は確実にその方向に向かっている。都市はスタティックなものではなく、常に生成変化するダイナミズムそのものであり、まさに生物学者の福岡伸一の説く「動的平衡」の中で成り立つものである。

この意味では都市も自然も同一の地平に立っているといえる。これは都市と自然のそれぞれにおける共生を考えるときの最も重要な出発点だ。藪を庭園に変えることができ、さまざまな食材を美しくまとめることができる文化を持っているのであれば、そして都市と自然に関する新しいヴィジョンのもとに進むのであれば、いつか必ず日本の都

市も新しい紀元を画するときがくると思う。そしてそれは世界の都市デザインにも大きく貢献することにつながるだろう。

五　「造る」と「宿る」——二つの永遠性

都市と建築にはモニュメントという言葉がいつもついて回る。それは政治的なものや故人を顕彰したものなどさまざまだが、そうした願いや権力の証がいつも都市や建築といった人為的な場に託されてきたからだ。しかし権力に永遠なものはなく、やがては滅んでしまう。ソ連が崩壊したときに、東側諸国の多くの都市に建てられていたレーニンの像は次々に引き倒されていった。二〇世紀にはこうした政治的モニュメントが作られては壊されていったため、そうしたものに対する警戒感が高まった時代だったともいえる。したがって二一世紀まで生き残ったシンボルとしては政治的イデオロギーの体現を避けたものが多いといえる。しかしそれでも常にモニュメントが求められ続けたのは、むしろ人間に本来備わったものによるところが大きいのではないか。

現代建築には何かの意味を込めたものではなく、その造形のインパクトゆえにその街のシンボルとなったものもある。ニューヨークにあるフランク・ロイド・ライトのグッゲンハイム美術館やヨルン・ウッツォンのシドニーのオペラハウス、ビルバオのフランク・

図16　ヴェルサイユ庭園

ゲーリーのグッゲンハイム美術館などがこれに相当する。また商業的なシンボルとしてのモニュメントもある。ニューヨークのクライスラータワーは、もとはクライスラー社のシンボルとして建設されてニューヨークのシンボルの一つとなった。その後現在はアラブ首長国連邦が七五％を所有している。

ミノル・ヤマサキのワールドトレードセンターは、二〇〇一年にアメリカの富と権力の象徴としてイスラム過激派の攻撃のターゲットとなってしまった。高層ビルや突出した形状を持つものだけがモニュメントとなったわけではない。ル・コルビュジエのサヴォア邸やフランク・ロイド・ライトの落水荘などもその画期的な創造性によって現代建築のモニュメントとして捉えられている。しかし建築のモニュメントは設計者の意図がどうであれ記念碑的性格が強く、やはりそれが何らかの形で生き続けていかないかぎり、やがては墓標のごとく死に向かって朽ちていかざるをえない。

一方、庭園に関しては、植物は生き続けて生成変化するものであり、その意味では別の角度から人間の永遠性に対する願いが込められることがある。庭園は記念碑ではなく生き続けるものだからだ。生命体か、モニュメントか。都市はそのどちらの解釈も成り立つものだと思う。黒川紀章、槇文彦、菊竹清訓らが提唱したメタボリズムは都市を生成変化する生命体として捉えたものだ。このマニフェストに対して世界が驚きを持って受け止めたのは、これが西洋的な都市観に基づいたものではなく、全く異なる哲学を示すものだったからだ。

図17 明治神宮の杜

図18 伊勢神宮内宮の式年遷宮

西洋におけるヴェルサイユ庭園[図16]とパリ大改造の自然観と都市観は同一線上のものであり、庭園の時間と都市の時間はある意味で止められているという点で永遠性を表現している。これは造物主がものを「造る」プロセスと似ている。これに対して「宿る」美学を日本では見出すことができる。

先にも触れたが、飛鳥京は六世紀から七世紀にかけて造営された数代の倭国時代の大王の諸宮が点在する跡地である。一代一宮とでも呼ぶべきこの地を都市と呼ぶべきかどうかは議論の分かれるところで、そこはあたかも歴代の天皇の行宮が建てられては崩御とともに取り壊されて、権力がそこに宿っては消えたような場所に見える。

この神が宿るアニミズム的な神域思想はこうした都城でも森でも同じことがいえる。日本の神社の鎮守の杜[図17]は神が宿る場所であり、これは神道の地鎮祭でも同様のことがいえる。神籬（ヒモロギ）の周囲には注連縄（シメナワ）が張られ、神は降神の儀により招かれて、儀式が終わると昇神の儀によりそこから去っていく。鎮守の杜もまたそこに神が宿る神域であるという意味で永遠の杜なのである。

もう一つ日本の事例を挙げるならば、伊勢神宮の内宮[図18]がこれを示している。天武・持統朝から式年遷宮となったこの神社は天照大神を祀っており、宮内庁の管轄となっている。二〇年に一度、隣の敷地に瓜二つの宮が建てられたのち、解体されて全国の神社にその部材が下賜される。神は二〇年間、一つの宮に宿ったのちに隣の宮に遷座し、それを永遠に繰り返す。ヴェルサイユ庭園とパリの関係が示す「造る」思想と鎮守の杜と飛鳥京や伊勢神宮が示す「宿る」思想は、自然観と都市観に関わる対極的な二つの永遠性を示すものだといえる。日本は神も権力も富も、そして貧困も病も「宿っては消える」国なのだと思う。

六　時間とは何か

「それ天地は万物の逆旅にして光陰は百代の過客なり」とは李白の『桃李園』の序の出出しの部分である。意訳すれば「天地は万物の宿であり、時間は永遠の旅人である」ということになる。物理学者湯川秀樹はこの一文に触発されて中間子の存在を予言した。のちに実験的にこの素粒子の存在が明らかになり、湯川は日本人として初めて一九四九年にノーベル物理学賞を受賞している。それよりも遡るが、松尾芭蕉は『奥の細道』の序文に「月日は百代の過客にして、行かふ年も又旅人也」とその冒頭に記している。

芭蕉が李白を知らなかったはずはなく、これは明らかな引用だと思う。しかし芭蕉は李白の『桃李園』の序の冒頭をそのまま引用したのではない。芭蕉は李白の第二文、「光陰は百代の過客なり」を二度繰り返しているからだ。芭蕉ほどの文に秀でた人物が、同じことを繰り返すはずはないというのが、私がこの文にいっそうの興味を抱くきっかけだった。おそらく芭蕉は李白の第二文に二つの異なる解釈を示したかったのではない

図19　法隆寺百済観音像

図20　トゥルナン寺の仏像、チベット、ラサ

か。「月日は永遠の常連客でありながら、ゆく年くる年もまたひとつひとつの時空をめぐる旅人のようである」という意味を自らの旅に重ね合わせたはずだ。

光陰、すなわち時間がここでのテーマとなっている。古い旅館には幾人もの住人や旅人が宿ってはまた去っていったが、そこに置かれた柱時計だけはずっとそこで刻を刻みながら居続ける唯一の旅人であり、また行き交う年のそれぞれもまたさまざまな時空を旅する旅人なのである、という解釈が成り立つのではないかと思う。都市と自然は生成変化と循環を繰り返すものであり、時に朽ち果て、時に再生する。

図19、20の二つの仏像は、こうした時間との関わり合いの中で全く異なる観念を示すものだと思う。法隆寺百済観音像は百済の仏師が作った観音菩薩像で、もとは彩色が施されていたようだがこの仏像に漂う品格からもとに復元することはせずに、一つの時の流れを静かに受け止めているように見える。もう一方の像はチベット仏教の釈迦像で、唐から降嫁した文成公主のものとされている。この釈迦像は常に新しく手入れがなされているためか、決して年をとらずに生き続けているかのようだ。永遠なる物は常に新しくなければならないという時間との関わり方と、時の流れを常に刻み込んで時の象徴を身に纏うあり方の双方に時間の中に生きる永遠性への願いが込められているように思う。

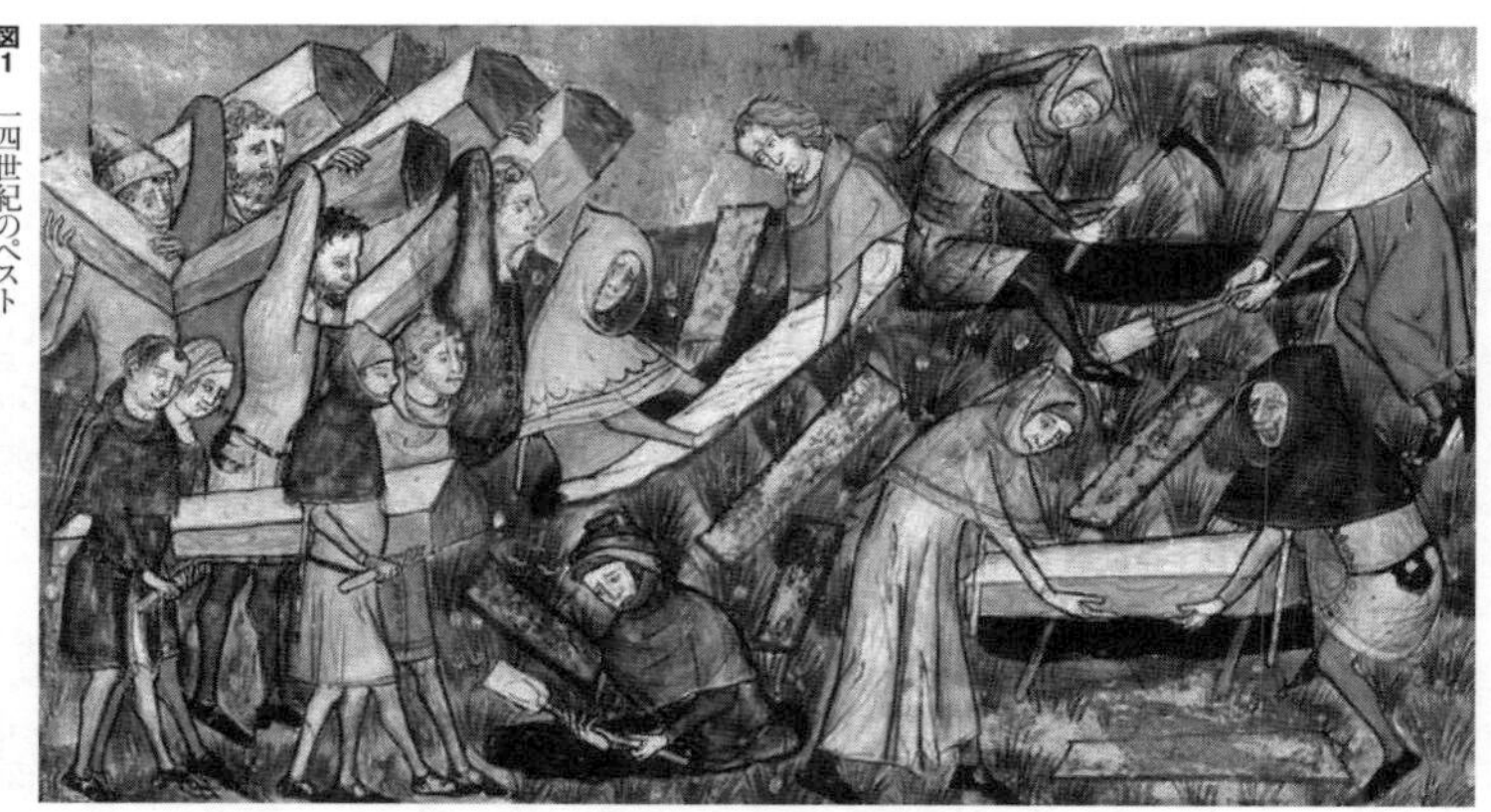

図1　一四世紀のペスト

都市は人間によって構築された人間の生態系であるといえる。
あらゆる生物——動物、植物、微生物に共通することは、
生殖機能を持つことのほかに、「個」と「群れ」の二態を持つことであり、
また疾病をはじめとする生存を脅かすさまざまな災禍に対する
固有の防御を行うことだと考えられる。
人間の個と群れの生存原理にとって、
都市はそれぞれの態を確保するための不可欠な装置を持っているということができる。
また人間が自然の中で生きるとき、
ときにはそれと戦い、ときにはそれに順応する能力が求められる。
人類と生物をこのような共通の地平の中で捉えたときに、
都市と自然はその境界線が消失するのである。

Part 2　個と群れの生存原理

一　新型コロナウィルスが暴いた都市の本質

新型コロナウィルスが世界に蔓延してからすでに三年が経った。はじめの一年は感染源の中国武漢に世界の目が注がれた。その後次第にこのウィルスがグローバルな人の移動とともにパンデミックが世界全体に広がると、各国の防疫体制に焦点が当てられることになった。いくつかの国々の素早い水際対策の初動体制に賞賛が集まり、各国の為政者の指導力に注目が集まる一方で、国家による情報管理体制の強化が個人のプライバシーや人種差別につながるのではないかとの懸念も生まれた。その後二年目に入るとワクチン待望論から世界の製薬会社がしのぎを削ってワクチン開発に乗り出し、二年目の後半にはファイザー社、モデルナ社、アストラゼネカ社などがクローズアップされ、先進国ではそれらのワクチン接種が急速に進められた。

これは一定の効果をあげたが、デルタ株からオミクロン株などのコロナウィルスの変異が進むにつれてその症状も変化していった。この感染力が強く致死率が低いオミクロン株の急速な蔓延下では、特に国による施策の違いが表面化した。中国上海では過剰ともいえるゼロコロナ政策が採られ、マンションから一人陽性患者が出ただけで建物やエリア全体が封鎖された。これは新型コロナウィルスを戦うべき対象として、それに勝利する目標を掲げていたからであり、ウィルスが変異しつつ、それといかに共生するかを探ろうとする柔軟な防疫方法を見出さなかったことからきているものと考えられる。

世界経済を見るとコロナ禍により世界のサプライチェーンは分断され、グローバルな産業構造が大きな変革を迎えるとともに就業と学業におけるon-line化も進み、企業によっては本社ビルを売却する動きも加速されている。またより自然環境に恵まれた場所への移住が進みつつあるなど人の住まい方や、働き方の変化が都市を変えるきっかけになることが予想される。

当然この動きは都市を徐々にではあるが大きく変える原因となるだけでなく、都市とはいったい何であったのかを再考するきっかけを与えることとなった。生活面においても、世界を飛び回るグローバルな人間像に夢を見出すイメージから、日常的でローカルなものの中から新たなものを発見して世界とつながる新しい生き方が求められるのではないかと思う。コロナ禍がもたらしたポジティヴな面があるとすれば、世界の人々が日常を共有することになったことである。日常を共有することのほうが、時には非日常的なトピックスを追い求めるよりもエキサイティングであるということが共有されたからではないかと思う。

ところで人類が経験した疾病の歴史は長く、世界規模のパンデミックを引き起こした

図2 世界初の検疫所ドゥブロヴニク、一六四二年

伝染性の高いものだけでもペスト、コレラやスペイン風邪など枚挙にいとまがない。その中でも一四世紀中葉にヨーロッパ、中東と北アフリカで猖獗を極めたペスト(黒死病)は、一三四七〜一三五一年までの五年間で四億五〇〇〇万人と当時推定された世界人口の三分の一の人々が死んだ。ペストは鼠などの齧歯類に寄生する蚤が媒介する伝染病だが、人に感染してからは腺ペストとして飛沫によるヒトヒト感染を引き起こす。

発生源は東アジアから中央アジアなど諸説あるが、そこからシルクロードを西漸してヨーロッパに至ったとされる。感染経路は、はじめはユーラシアの乾燥地帯を行き交う隊商によって徐々にもたらされたが、クリミア半島を経由してコンスタンティノープルからジェノヴァの商人による奴隷船とともに大量の熊鼠が流入してからが決定的だった。ヴェネチア、ジェノヴァを経由して海路から地中海世界に出た途端にペストはパンデミックを引き起こした。

検疫のことをquarantineというのも、アドリア海に面する当時の海上貿易の拠点だったドゥブロヴニクに設けられた世界初の検疫所[図2]がペストの流入を防ぐために四〇日間(四〇をイタリア語でquarantaという)の隔離期間を設けたことが語源になっている。その後ペストはヨーロッパ、中東、北アフリカのどこかの都市で間欠的にパンデミックを引き起こし続けたが、最終的にはコッホ門下の北里柴三郎とパストゥール門下のイェルサンが一八九〇年代に病原菌を突き止めたことにより終息を迎えた。

一九世紀後半は医学が大きく進歩した時代であり、コッホが炭疽菌、コレラ菌、結核菌を発見したのも、パストゥールがウィルスの培養とワクチン療法の開発、とりわけ狂犬病ワクチンの精製に成功したのもこの時代である。日本人の研究者の功績も大きく、前述したペスト菌の発見者北里柴三郎をはじめ、ビタミンB_1を発見しカッケの原因を究明した鈴木梅太郎は世界の医学界に大きな貢献をした。一八世紀末のジェンナーの種痘から始まった一九世紀の医学の進歩によってこれまでの不治の病が次々に解明されることになる。

一九〇八年、北里の招きに応じたコッホは来日し、コレラの蔓延を阻止するためにはこれまでの江戸の水道管を木管から鉄管に改めるべきことを助言している。都市衛生は都市工学の根幹をなす重要な分野であり、日本の都市においても耐震技術と耐火建築技術とともに都市衛生の分野は明治初期から最も開明的な技術が応用されてきた。新型コロナウィルスは鼠が媒介するものでも、コレラのように水の汚染や食物が原因ではなく、空気の澱みと人の密集をきっかけに蔓延する疾病である。コロナ感染を防ぐためには建築の各室の空気環境、とりわけ自然の大気とつながる換気とともに飛沫感染を防ぐ人と人の距離や隔壁が大切であることはいうまでもない。

図3　ポンテ・ヴェッキオ、イタリア、フィレンツェ

二　ペストとヴァザーリの回廊

疾病と都市の関係を見ると、外形的にはそれほど多くの痕跡は見当たらない。それは長きにわたる疾病との苦闘の中で水道管の木管を鉄管に置き換えるなどの地道な改善の積み重ねとして少しずつ進歩してきたからで、建築様式の変化やモニュメントとしては残らなかったからである。しかし数少ない事例の中に、明らかに疾病から逃れるために造られた建築的な世界遺産がないわけではない。

フィレンツェのアルノ川にかかるポンテ・ヴェッキオ図3は橋本体はまさにペスト大流行前夜の一三四五年に完成し、当時の橋の上には現在の宝飾店ではなく肉屋が軒を連ねていた。一三四七年から始まるペストのパンデミックでは、川の左岸と右岸を汚染された鼠が行き交いペストの市中感染の経路となった。この橋上に設けられアルノ川の西岸のピッティ宮殿と執務空間のウフィッツイ(のちのウフィッツィ美術館)と東岸のヴェッキオ宮を一度も地上に降りずに結んだのがヴァザーリの回廊である。

メディチ家のお抱え建築家であったヴァザーリが一五四五年にメディチ家のコジモ一世の発注により橋の上にもう一つの回廊をわずか工期五カ月で完成させた。この時期は歴史に残る一四世紀の大パンデミックからはすでに二〇〇年が経過してはいたものの、一七世紀にいたるまでヨーロッパ各地ではペストが引き続き流行している有様だった。メディチ家という特権階級の執務空間と宮殿をつなげた回廊とはいえ、いまだペスト禍から癒えていなかったヨーロッパが都市に残したモニュメントだといえる。またフィレンツェはイタリアルネッサンスを生み出した都市でもあり、このこととペストのパンデミックがほぼ同時期に起きたことも興味深いことである。

暗黒の中世から脱却して理性の光と人間の美しさを求めたのは、ペストにより生と死の間を彷徨った人間の根底からの叫びだったに違いない。しかし人々の生活はといえば迷信に満ち溢れていた。その一つにペストは大気中に漂う毒素が毛穴から人体に入ることで引き起こされるというもので、人々はそれゆえに風呂に入ることを忌み嫌うようになった。王族は特に不潔で、ルイ一四世のように生涯一回しか身体を洗ったことがない王たちもいた。しかし、イタリアはローマ時代からカラカラ浴場をはじめとする公衆浴場が多く、ヨーロッパの人々がもとから風呂が嫌いだったわけではない。

カラカラ帝の浴場は男娼や娼婦との交接の場であったこともあり、初期のローマに弾圧されてきたキリスト教の倫理観からは悪所と見なされたことは想像に難くないが、ペストを防ぐために身体を洗わなければペストを媒介する蚤が不潔な身体に宿ることで逆効果であったことは、当時はわからなかったのであろう。高潔な魂は不潔な身体に宿るといった迷信は一八世紀までの四〇〇年間も続いた。オーデコロンの強い香りの謂れや猫足の浴槽など、日本と比べると西洋の風呂場のイメージがいささか矮小化して見えるのは往時の名残りなのである。

もともとラテンの伝統といわれるローマ文化はイタリアを中心に栄えたものであり、

イタリア、フランス、スペインは食文化を見てもわかるようにその流れを汲んでいる。ローマ文化から見ればイギリスやドイツは辺境の地であり、建築的に見れば先進的だったゴシックという石造の構造技術を打ち立てたゲルマン人も異民族であり、したがってイタリアは沽券にかけてもゴシック建築を国内に入れなかった。しかも十字軍の遠征で対峙したイスラム文化はことのほかレヴェルが高く、医学や建築術や占星術などは暗黒の中世からきたローマ人の末裔から見れば瞠目すべきものばかりだった。サラセンとの戦いにおいても、エジプトのスルタン、サラディンに翻弄されるなど決して優勢だったとはいえず、イェルサレム奪還にも失敗しヨーロッパの国々は疲弊していった。

ヨーロッパ最古の医学部を持つサレルノ大学は、一一世紀からイスラムの高度な医学をもとに造られたものだ。地理的に見てもイタリア南部のナポリに近く、海を通じて東ローマ帝国と、セルジュークトルコとオスマントルコの医学の伝統を持つ文化圏に接していたことが地政学的な理由だった。世界最高の文明を自負していたローマ文化は、一一世紀にサラセン文化を目の当たりにしてルネッサンスまでの三〇〇年の間は長期の低迷期に入っていたと考えることができる。

ルネッサンスが「再生」を意味するのも、この十字軍から味わった屈辱とペストの流行に苦しんだ末に、地中海の向こうにあったギリシャとサラセンとアフリカの光を見たからだと思う。またギリシャの光は、ことに未開の地としてローマの風下に立たされていたイギリスとドイツにヨーロッパ文明の一員としての文化的ルーツと希望を与えたに違いない。ルネッサンスの建築平面が純粋幾何学に依拠したイスラム建築との類似性が見られることや、偶像禁止のイスラム圏の建築には壁面装飾や偶像がなく、こうした点がルネッサンスの建築に影響を与えたことなど、ヨーロッパの人々は認めたがらないことではあるが、イタリアルネッサンスがサラセン文化からの直接、間接の影響と触発を受けていたことは明らかなのである。

図4　トノサマバッタの孤独相（上）と群生相

三　人間と生物の個と群れ

疾病と都市、つまり疾病と人間社会について考察するためには人間社会に焦点を当てるだけでは不十分で、動植物の行動や疾病にまで視点を広げて考える必要がある。病原菌による感染は動植物にも見られることであり、その感染も孤立した個体の場合と群れをなしている場合とは異なる様相を示している。人間を動物の一員として捉え、植物も含めて考えるならばいくつかの共通点が浮かび上がってくる。それは一つの種において「個」と「群れ」の二つの相を持つことであり、共通して子孫繁栄の手段やそれぞれの相における微妙に異なる生存原理を持っている点である。

人間は動物を見るときに人間バイアスとでも呼べる目線で見てしまう。これは主要な世界宗教となったキリスト教やイスラム教が唯一神を頂点としてその下に人智、そして

図5　通勤時の人の「群れ」、品川駅

その下に動物界を位置づけたことによる影響が大きい。ここでは極力この人間バイアスを相対化して、個と群れはどのように危険を予知し、行動するのか、そして個と群れの容器としての都市について動物の行動をレファレンスとしながら考えてみたい。

日本にいるトノサマバッタや蝗害をもたらすことで有名な類似種のサバクトビバッタは、同一種の中で群生相と孤独相と呼ばれる状況によって体色まで変化することが知られている。群れで行動する群生相は黒褐色、孤独相は緑になる。通常草むらなどで見かける緑色の個体は孤独相のものだが大量発生のときには黒褐色となり、体型も変化して後ろ足が短くなり飛翔能力が増す。食性も肉食性となり気性も荒くなり、集団行動を好むなど習性に変化が見られる**図4**。群生相からは群生相の子が、孤独相からは孤独相の子が生まれる。こうした同一種でありながら個と群れといった相の違いによって体色と習性にまで変化が見られることは興味深い。

魚類もカンパチなどの回遊魚は大海の海流の中を大群で移動するときの行動と岩礁などの浅瀬に来て、数匹の群れに分かれて小魚を捕食するときの行動は明らかに違う。このように「個」と「群れ」の相の違いによって行動パターンをはじめ、警戒感などの生存に必要な行動原理に違いが生ずることは人間社会に対しても大きな示唆を与えるものだ**図5**。

四　回遊魚と根魚

グローバリズムという言葉が色褪せてきたのは、全地球的という問題設定自体を皆が脆弱で胡散臭いものだと思うようになったからではないか。また、物事をローカルに見るよりグローバルに世界を見るほうが、普遍的な真理につながるという物の見方も崩れはじめてきたからだと思う。ローカルな現象の中に普遍性を見出すことはできても、グローバルな視点で全てのローカルな物事を説明できるわけではなく、あらゆる分野で幻想のグローバリズムが肥大化するあまり、文化の固有性や地域性の持つ素晴らしさや問題がなおざりにされることは警戒すべきことである。

地球に住む魚類を例に考えてみると、世界の魚類はマグロやカツオのように地球を周回する回遊魚[図6]と半径一〇km以内に生活圏のある根魚[図7]に大別される。人間もまたどこかの地域に住んでいる生き物なので、この意味では全ての人間は根魚的であるともいえる。一方ではその地域を越えて広く世界を行き来したりもするので、回遊魚的な性格も持っている生き物だといえる。

金融の世界や国際的な商業ブランドや現代美術の世界はよりこの回遊性の高い体質を持つものだ。こうした力が世界に対して大きな影響を与えていることは万人の認めるところだが、だからといってローカリティーを過小評価してグローバルな場だけが世界で唯一の共有の住処だとするところまでいきすぎると、世界にはマグロやカツオしかい

（前頁右）**図6**　回遊魚の群れ
（前頁左）**図7**　根魚の群れ

ないとする偏った見方に陥ってしまう。

回遊魚は海流の中に住んでおり特定の岩場に根づいてはいないので、特定な場と関わりを持つのは捕食できる小魚の大群が岩礁に集まるような場合に限られる。一方根魚は海流の中に住んでいるのではなくさまざまな岩礁の中に生きているので、台風がくれば少し深いところに逃れるか、岩の下でじっとしてそれが過ぎ去るのを待っているといったように、あくまでも特定な場所と切り離すことはできない。

このように対照的な習性を両者は持っているものの、どちらも海の中に生きる同じ魚類であることに変わりはなく全く異なる生物であるわけでもない。そしてこの二つの世界は相互に密接に関係しあっていて、中間的な生態を示すものも多数あり、海流と岩礁どちらの要素が欠けても双方ともに生きられない。片方の存在だけしか認めないということは海そのものを否定することとなり、全ての魚類は生きて行けなくなる。

あらゆる魚類は海流の運ぶプランクトンやさまざまな潮流を必要とし、同時に個別の岩礁に宿るプランクトンやそこから出るミネラルを必要とする。そしてグローバルな海の変化がたとえ起きつつあっても、世界の魚類はさまざまな生存のための本能と知恵を駆使してそれに適応しながら強く生き続けている。

建築や都市デザインの世界も、この一〇〇年間のモダニズムという名のグローバリズムが世界の都市を良くも悪くも一変させてきたが、グローバルからローカルへいたるこれまでの一方的な波だけに従うのではなく、今一度その力を相対化し逆にそれぞれのローカルを再生する個々の営みの中から、再び世界に通ずる新しい道を探ることに大きな意味があるのではないかと思う。こうした二つの魚類のタイプによるアナロジーは、さまざまな人間社会の現象に敷衍することができるが、ことにコロナ禍の中での人間の行動にも示唆を与えるものとなった。

高病原性鳥インフルエンザと呼ばれるウィルスによる鳥の感染症は、一般的に渡り鳥が宿営地の沼などの汚染源から感染し、飛来先の家禽類に伝染してしまうことから時折鶏の感染が広まり殺処分されたとのニュースにもなる。ここでは次のような感染パターンが想定されることが多い。一つは自然界にいる第一の野鳥の群れで、これがウィルスに感染している場合に宿営地の沼や池に排泄することでそこに飛来した第二の野鳥の群れに感染し、その潜伏期間中に別の宿営地に飛来して池や沼を汚染して、そこの水などから第三の群れとしての管理化された家禽類に感染する場合が想定されている。

このように、二つの渡り鳥の「群れ」と養鶏場などの一つの管理化された「群れ」が登場する。こうした事例は頻繁に報告されており、水際対策などできない渡り鳥からの感染の場合は、養鶏場などの「群れ」を数万羽単位で殺処分を行うほかないことは胸が痛むことである。

植物に目を移すと、ここにも「個」と「群れ」がある。ただし動物と違っていったん種子がある場所に落ちると歩いて移動することはできない。しかし、単一樹種の群落から何らかの理由でそこから離れた場所にたまたま落ちた種子が、一本だけ逞しく生きている姿を時折目にすることもある。植物も群落となった場合の感染は、マツクイムシや立ち枯れ病など数多く存在し、それぞれの対策が講じられている。群れは多くの場合生存にとっては有利なことも多いが、群れることが完全に安全かといえばそうではない。一つは集団感染のリスクであり、もう一つは群れることによって生ずる環境悪化、水性物の場合は酸欠や、植物の場合は感染のほかにも水の枯渇や日照条件の悪化に伴う群落の自滅などがそれである。

私見では、寄生虫などの例はあるものの魚類などの海洋生物に関しては鳥の群れや人間、あるいは植物の群落に見られるような広範囲の感染は比較的起こりにくいように見える。これは海水の殺菌能力と絶えず入れ替わる海水がもたらす恩恵かもしれない。しかし、さまざまな魚類同士の食うか食われるかの生存競争には熾烈なものがある。他の魚種から襲われるリスクは生態系の中の頂点捕食者にならないかぎりなくなることはなく、危険を回避することは広い海洋の中ではほとんど不可能なことだといえる。

図6、7の魚の映像からもう一ついえることがある。回遊魚の場合、群れといわれるものは同一種の群れであることがほとんどで、お互いに共食いをすることはない。稀に近親の魚種が一つの群れを形成することはあっても、ほとんどは単一種で大きさもほぼ揃っていることが多い。一方根魚の場合は、多種多様な魚種が高密度に特定の岩礁や珊瑚礁に群れることはあるが、回遊魚のように運命共同体として長距離を移動することはなく、植生にたとえれば雑木林と同じく多数の種からなるコロニーを形成しているにす

ぎない。

映像などで見る根魚は色とりどりで多様であり、一見平和に見えるので人間は勝手に多文化共生のモデルなどになぞらえてしまうが、プランクトンなどの餌がふんだんにあることと、身を隠せる変化に富んだ岩場があるから集まっているにすぎず、実はお互いを捕食しようとする戦々恐々とした世界であることが多い。この場合の群れは人間社会に例えれば雑踏に相当するもので、コミュニティーと呼べるものとはかけ離れた世界なのである。

先に述べたように、同一種からなる回遊魚の群れは共食いをすることは少なく、群れの中での抗争は求愛のときにオスがメスを取り合うときに見かけるのみで捕食行動時にはあまり見られない。しかしアユのように、一匹が餌としての苔を舐めるためのテリトリーが明確であって、他者が侵入すれば同類であっても体当たりで追い払うような排他的な性質を持つ魚もおり、アユの友釣りはこの習性を利用した釣りである。

私も海中で単一魚種ではなく数種類の魚種が同じ方向に群れとして移動している場面に遭遇したことがあるが、これはイルカのようによほど強力な捕食者に追われている場合か、そのいずれの魚も捕食したがっている共通の餌があるような場合に限られている。また、数十匹程度のカンパチの群れがバラけて数匹の群れになる場合などは、より岩礁の浅瀬に入り込んでくることがあり、行動の仕方も大きな群れにいたときとは異なった動き方をする。

警戒心と好奇心のバランスも群れの数によって異なるものだ。アフリカ大陸のヌーの群れの大移動などを見ると、群れから外れることがいかに危険かがよくわかる。ライオンなどの捕食者は常に群れからはぐれた個を狙う習性があることはよく知られているところである。

ここで興味深いことは同一の種であっても群れているときと個で行動するときの警戒心の持ち方が異なっている点だ。魚群の場合、微かな金属音などに群れ全体が反応して一斉に逃げることもあれば、手銛などで一匹を捕獲しても群れは悠然として逃げない場合もある。一方単独や少数の群れに分散した場合には、こちらに対しても個と見なして好奇心から近寄ることもあれば、群れでいるとき以上に警戒感を示して逃げ去るか、岩の下に隠れてしまうこともある。

我々人間同士は、お互いを動物として見るというよりも日常的で社会的な対象として捉えているので、動物とは別の存在であると思っていることが多いが、人間もまた動物であることに変わりはなく、この意味で動物行動学から学ぶことも多いのではないかと思う。特に多数の人々が住まう都市のあり方や、そこでの行動や疾病や戦乱といったさまざまな危険に対して、いかなる警戒感を持って身を守るのかについて多くの示唆を得ることができるものだと思う。

五　人間の生態系としての都市

新型コロナウィルスは空気中の飛沫感染によるものであることはほぼ間違いなく、このために最近は至るところの料理屋さんやレストランで透明プラスチック板が卓上に立てられるようになった。世の中のプラスチックの加工場はさぞかし忙しかったことだろう。あとは店内の換気ということだが、地下の店舗は機械換気に頼らざるをえないが、地上の店は対角の出入り口と窓を少し開けておけば済む。大変なことではあるが、これだけで感染リスクを下げられるのであればそれをやるに越したことはない。それにしても「個室」のなんと有難いことか。人は家に帰り、自分の寝室に辿り着けば雑踏からも、家庭内感染がなければ隣人からもコロナをうつされることはなく、万が一感染しても家族や他人にうつす危険性もなくなる。これまでは壁があるために部屋が狭いといっていた我々は外界から遮断してくれる無数の壁のありがたさに気づかされる。

人が集まる都市や建築に必要な要素は、個を確保する無数の壁と個室に外気を入れる適切な位置の窓、そして局部的に大量の人が三密を避けて移動できる広い通廊や広場ではないか。一年目のパンデミックが起きた頃にダイヤモンドプリンセス号での感染拡大が問題視されたが、船にはもともと個別の換気や空調という考え方がなく、左舷から取り入れた外気を右舷から排出するといった具合に、空調や換気までもセントラル方式で処理している点が、最近の個別空調と個別換気が進む現代の集合住居などの建築物と大きく異なる点だ。取り入れた空気は温められたり冷やされたりしながら排出されるまで古い空気が使い回されることが多い。感染者のいる部屋の空気が共用トイレや通路の空気に回されていたのであれば、艦内の感染がスピーディーに拡大したのも無理はないといえる。

この船の感染については、保健所や医師の対応などに当時は批判が集まったが、実は巨大なマンションともいえる船の換気システムそのものにもっと検証の眼が向けられるべきだ*。ダイヤモンドプリンセス号のデータが残されているのであれば、空調と換気の面からの検証は今後のためにも丹念に行っておくべきだと思う。客船の平面図は、多数の個室からなるホテルや病院または集合住居と似たタイポロジーを持っている。これは多数の個を確保するためのものだが、空気環境はそれとは裏腹に集中式のセントラル方式であったことに問題があったと見るべきだ。豪華客船とマンションではタイポロジーは類似しているといえるが、換気のシステムから見れば一個の機械と珊瑚礁のような多数の個の集合体といった全く異なる設計思想に基づいているといえる。

* 循環空調、感染にリスク／クルーズ船・多くのビルも採用／「ウイルス拡散おそれ」指摘も。『朝日デジタル』二〇二〇年七月二七日、沢伸也記者

V
共生の思想

図1 ガザ地区の境界壁

図2 鹿児島県知覧の武家屋敷の生垣

**ここに二つの境界線の写真がある。
図1はイスラエルのガザ地区のユダヤ人とパレスチナ人を分ける境界壁で、
図2の写真は鹿児島県知覧の麓集落の武家屋敷の生垣である。
イスラエルのガザ地区とヨルダン川西岸地区では民族間の絶えざる抗争のために、
分離境界壁が造られており「分断の象徴としての境界線」となっている。
一方知覧の武家屋敷の生垣は国の景勝地にも指定されているもので、
屋敷の内部の庭から見ると遠くの山並みに合わせたように
ところどころカーヴした造形が取り入れられており、独特な街並みを造り出している。
この生垣はまた茶の生垣ともなっており、
薩摩武士の殖産興業の知恵を今に伝えている。
知覧の生垣は、武家屋敷同士と街路が平和的に関わり合う
「共生の象徴としての境界線」のあり方を示している。**

Part 1　境界線

一　テリトリー

「神無月の頃、栗栖野といふところを過ぎて、ある山里にたずね入ること侍りしに、遥なる苔の細道を踏み分けて、心細く住みなしたる庵あり。木の葉にうずもるる筧のしずくならでは、つゆおとなう物なし。閼伽棚に菊、紅葉など折り散らしたる、さすがにすむ人のあればなるべし。かくてもあられけるよと、あはれに見るほどに、かなたの庭に、大きなる柑子の木の枝もたわわになりたるが、まはりをきびしくかこいたりしこそ、すこしことさめて、この木なからましかばと覚えしか」

現代語訳／秋も深まる神無月の頃、栗栖野というところを過ぎて、延々と続く長い苔の細道を分け入って、ある山里を訪ねると、ひっそりと誰かが住んでいる庵があった。木の葉に埋もれた懸け樋の雫のほかは、何も音を立てるものもない。仏前の閼伽棚にはキクや紅葉が折り散らしてあったので、人の住む気配を感じた。こんな荒涼とした佇まいにも人がいるのだと感慨深く眺めていると、向こうの庭に大きなミカンの木が、枝もたわむほど実をみのらせていた。しかしその木の周りを厳しく囲いがめぐらされている

図3　表参道のケヤキ並木

図4　東京下町の路地の緑

のを見て、少し興醒めして、この木がなければよかったのにと思った。

これは吉田兼好の『徒然草』第十一段の文章である。枝もたわわになったこのミカンの木がなければ、周りに囲いをめぐらせることもなかったのにと兼好法師が慨嘆したように、あらゆる世俗的な価値があるものにはこうした独占のためのテリトリーが発生してしまう。都市では家屋敷をはじめ、あらゆる財産を守るための柵や塀といった境界線が必要となるのが現実だ。仙人が住んでいるかに見えた人里離れた幽玄の世界にも、そうした独占のための人間臭い所作があるのかという兼好法師の失望は根源的で奥が深い。しかし個人の所有であるからといって、そこに必ず悪しき独占が発生するわけでもない。個人の私的所有であったからこそ民間の植栽の手入れが行き届いているように、広義の公的価値が作られた例は都市空間の中に数多く見出すことができるからである。

図3は東京表参道のケヤキ並木、**図4**は東京の下町の路地の緑だ。表参道のケヤキ並木は「官の緑」。下町の路地の緑は「民の緑」、あるいは公的な緑と私的な緑ということもできる。民の緑は私的な緑であるからこそ、思い思いの植物を丁寧に育て、それを近所の人たちに見せている。これは兼好法師のミカンの木の独占とは逆に、私有があるからこそ路地の界隈に彩りが添えられている例ではないか。官の緑も民の緑も等しく公的な都市空間に貢献する証ではないかと思う。

図5　自然にできた川と陸地の境界

二　分断の象徴としての境界線

自然の中の境界線

人間や動物のテリトリーとしての境界のほかに、河川や海といった自然地形の中に生ずる境界もある。**図5**は河川の蛇行に沿って自然に発生した水と大地の境界を示している。自然界にはこうした幅のある境界は無数にあり、生態系保全の観点からも、こうした境界が安全管理の名の下に一本の線に収斂しすぎて分離を強化しすぎることが、いかに多くの生物の棲家を奪うことにつながるかは言を俟たない。人間と自然に対する完全な分断をすることが安全性の確保につながることも多いが、両者をつなげることも大切であり、常に境界線は両者の共生を可能にするようなバランスのとれた調節機能を持つことが大切だと思う。

分断の境界線と共生のための境界線

境界線、または境界壁といえば、歴史的にも漢民族が北方騎馬民族の侵入を防いだ万里の長城や、アラブ人とユダヤ人の分断の象徴となってきたイスラエルの嘆きの壁、近年では一九六一年から一九八九年まで東西冷戦の対立構造を物語るベルリンの壁といった分断の象徴が思い浮かぶ。こうした壁は、一つの時代が終わりを告げてそれが取り除かれたときに、ベルリンの壁崩壊のときのようにＥＵ統合のシンボルともなった。

一九世紀末から二〇世紀にかけてのヨーロッパでは、あらゆるレヴェルの分断の壁——政治的な分断や社会的分断、人種的分断から都市城壁、国境線にいたるまで——が旧弊のシンボルとして取り除くべき対象として扱われてきた。そしてそれらを取り払って解放することこそが、リベラリズムの根幹をなす行為と見なされるようになった。ことに宗教とイデオロギーについては、国境そのものを超えたグローバルな性格を持っているために、壁を取り払うことを是とする遺伝子を持っていることが多い。しかし人間界に限らず動物や植物を含むあらゆる生物界の境界線を見れば、それらが必ずしも分断と争いの象徴だけではなかったことがわかる。

庭園の世界の話になるが、タケとマツが隣接する境界線には十分な距離を空ける必要があるといわれているが、それができない場合には地中に約二・五ｍものコンクリート壁を設ける必要がある。タケの地下茎は強く、そのままにすればマツの領域にまで侵入してマツを枯らしてしまうからだ。壁だけではなく高低差を設けたり、せせらぎを設けるなど壁に代わる分離の庭園手法により両者を共存させる場合もある。もし両方の植物を大切にしたいのであれば、境界領域に共生のためのさまざまな工夫を凝らすことが必要となる。壁は造るべきか造らざるべきかの二者択一で計画を進められるほど、人間社会を含む生態系は単純なものではない。

ミツバチは人間と同じく建築を造る[図6、7]。六角形の隔壁の個室にはハチの幼虫がぎっしりと入り養育される。ハチの巣のようにこれだけ高密度に多数の幼虫を収容する例

図6 ミツバチの巣

図7 無数の境界壁からなる都市

は、人間社会の建築にもあまり例がないと思う。こうすることで効率的に生育に必要な蜜を与え、また感染症の拡大を防いでいると考えられる。

都市になぜ人が集まり高密度な環境に共存できるのかは、まさにこの隔壁の存在によるものだといえる。二〇世紀の建築デザインの潮流は壁を除去して流動的な大空間を造ろうとした時代だったので、壁を重視するといえば二〇世紀的なイデオロギーと逆行するかに見えるが、壁のさまざまなあり方によって「個」の生存と自由が保障され、あわせて豊かな共生関係を作る可能性があることを再評価するべきではないか。

また、自然科学をはじめ社会科学や法律学の中に登場する境界線は、決まって太さや幅のない抽象的で無機質な線分に基づいているために実体性に乏しく、こうした人間と生物の生存に細やかに対応したものとはいい難い。しかし、現実の都市空間や自然環境の中の境界線にはさまざまな幅と多様性があり、そのことが生きた人間社会と豊かな都市空間を生むことにつながっている。

二〇二〇年から二〇二二年にかけての三年間に起きたコロナ禍とウクライナ戦争は、あらゆる種類の世界の分断を顕在化することにつながった。そしてこれらの大事件は一見無関係な事柄に見えるが、二〇世紀の方向性を大きく変える共通項を含んでいる。それは「境界線とは何か」ということだと思う。ウクライナ問題はベルリンの壁崩壊から三〇年にして、再び境界線をめぐる東西の対立の戦火が上がり、国境線が武力によって一方的に変更されるかどうかの瀬戸際に人類が立たされることになった。そしてコロナ

図8　共生の象徴としての境界線／鹿児島県知覧

禍は、人と人の境界に常に神経を払わねばならない事態に世界が直面せざるを得なくなった。レストランのプラ板も、ウィルスからお互いの身を守るために新たに考案された境界のデザインだといえる。

これまで都市における隣地境界線と壁は個々人の権利を守る大切な証である一方で、日常的にはあまりにもリアルであるためにデザイン的思考の対象となることは少なく、建築と空間を制限し、隣地境界線紛争の火種ともなるなど、必ずしも豊かな都市空間の創出にとってポジティヴなメインテーマにはなりえなかった要素である。また国境線も紛争の頻発区域として戦争の匂いのするネガティヴなものと捉えられてきた。しかし都市や地球上に人間や生物が集住するときに、境界線は共生のために工夫すべき最も重要な要素であり、混沌と無秩序から生命を守るために不可欠な出発点だといえる。

理不尽で意味のない壁を取り除いて空間を自由につなげることが大切であることはいうまでもないことであるが、同時に豊かな境界線のあり方を考えることも大切なことだと思う。境界線は分断の象徴ではなく、共生にとって不可欠な存在としてもっと豊かなイメージを持つべきではないか。境界線はかつて人類がごく自然に経験していたように、海や山脈や川のように多様で空間的な境界もイメージの中に含むべきで、太さのない理念的な線だけが境界ではないはずだ。そして知覧の生垣のように願わくば戦火の炎ではなく、爽やかで平和な風を感じられる豊かな境界線が少しでも長く世界を優しく包み込んでほしいと願う図8。

アナログの境界とデジタルの脱境界

現代はＩＴによるネットワーク化が図られ、世界は国境を超えてより緊密につながるようになった。産業のグローバル化も国境を超えて進行し、自動車産業をはじめとするあらゆる産業とともに、建築や都市建設においてもかつてのように一国の中で素材や部品を調達する時代ではなくなった。しかしこれによって国境という境界線が消えたわけではない。そのことを直撃したのが、今日のコロナ禍とロシアによるウクライナ侵攻であると捉えることができる。物と情報は引き続きある程度は行き交っていながら、人の移動は大幅に制限されるようになった。コロナ禍による事実上の国境封鎖はグローバル化された産業のサプライチェーンを麻痺させると同時に、これほどまでも産業のグローバル化が進んでいたことを世界の人々に覚醒させるきっかけとなった。

思えば二〇世紀は脱国境主義のグローバリズムが最大限に開花し、さまざまな矛盾をも生み出した世紀だったといえる。それ以前からの古典的なグローバリズム、すなわち中世から近世にかけて世界を大きく変えた宗教改革とそれが引き金になって起こされた欧米列強の世界の植民地化、マルクス主義の登場から世界の分断と統合の流れがそれにあたる。宗教とイデオロギーは国境を超えて人々がつながる力を持っているが、結局はさらなる覇権主義と全世界を巻き込んだ戦争の拡大を生んだ。これはなぜなのか。グローバリズムとローカリズムの共生がうまく機能しなかったからではないか。そして一方が他方を駆逐する対立の構図が生まれてしまったからではないか。

全体の正義のためには境界線は不要であると考える人たちと、個別のアイデンティティーのために壁を立てて自己を守ろうとする二者の食い違いによる戦いになったからともいえる。今こそ人間、動植物とあらゆる生物が個と群れの両方の属性を持っていることに思いを馳せるべきではないか。境界線は「ない」ほうが良いと考える原理主義的なグローバリズムでもなく、境界線の旧弊に縛られる狭量な個別主義でもない第三の道を模索すべきときだと思う。そのためには境界線が分断のための線ではなく、葉にとっての葉脈のように多様性と生命を維持するための接続詞であり、それ自体が有機的に生成変化する第三の実体であるとするヴィジョンを持つことが重要だ。都市と自然はさまざまな対立の事例とともにいくつもの共生のモデルが存在する知の宝庫であり、異なる領域と領域が接する境界線のあり方にこそ共生の思想を考えるための最大のヒントが隠されている。

三　都市の境界線

都市には無数の境界線が存在している。それは動物界にテリトリーが存在しているように、人間社会にもテリトリーが存在しているからだ。都市の境界線は、道路と公園の境界のような官官境界と道路と民有地の境界に見られる官民境界、および民有地同士の民民境界の三種類から成り立っている。海岸線は海と砂浜または岩場といった自然界の境界線であり、干満の差や台風などにより常に動いているものなのでその周辺は国有地で、各自治体が定める距離に従ってその内陸が民有地となっている。

日本では官民境界と民民境界には塀が建てられることが多いが、もったいないことに民民境界にはこちらの敷地と隣の敷地にダブルで塀が建てられることも多い。これは塀が崩れた場合、どちらが責任を持つかといったことからくる必要悪だともいえる。軽井沢町のように、基本的に隣地との境界には低い石積みの境界を設けるだけでブロック塀のような高い塀を立てないような場所もあり、そのことだけでも住宅地の景観はずいぶんと変わる。知覧のように生垣などを隣地と共有する場合もあり、手入れなどは隣と共同で行っている。ヨーロッパの伝統的な都市や京都の町家のように、隣との境界を壁で共有するケースもあり、この場合には隣家との隙間から光を得ることができないので中庭や坪庭などをとることによって内部に外気と光を採り入れている。

この境界線の話こそ、都市の成り立ちとその街並みと深い関係を持っている。なぜ日本の街並みがおもちゃ箱をひっくり返したように見えるのかといえば、実はこの境界線のあり方からきているからである。パリだけでなく、たいていのヨーロッパの市街地には基本的には庭付き一戸建てというものがなく、都市中心部には塀というものがない。市街地はほとんど数階建てのマンションで、一階が店舗になっている都市型建築物から成り立っている。官民境界には建築のファサードが面しており、旧市街地では民民境界は一枚の壁を共有している建築も多い。一七四一年にイタリア人都市計画家ノリが描いた図を見ればこれが一目瞭然にわかる。日本の街はこの図を反転したものに近いために、両者が混在すれば街並みの秩序が乱れるのは当然なことなのである035ページ、図6、7。

図9　複合化する官民公私／東京都青山周辺

四　官民公私の図

都市における官と民の境界はテリトリーを示す境界線であり、建築基準法や消防法などの法制を厳格に施行するための基準となるものだが、もう一つのテリトリーとしては公と私というものが存在する。公私混同という言葉があるように、人間社会の権益の複雑さを示すものとしてこれもまた厳然と存在する。官と民は所有権と管轄の違いを表すものであり、明確な境界線によって区分されるのに対して、公と私は公権と私権といった官と民の主張の論拠とされる立場を示す概念的な話であり、そこに住む人々の共通認識によって決定されるより曖昧で主観的なものである。

たとえば塀の中に植えられている植栽は民の領域に属しており、塀の中の家の縁側から眺めるようになっている場合は私的な緑だといえるが、塀の上から顔を出している樹木が通りの公共空間に貢献している場合は、公的な役割を果たしているといえる図9。表参道のケヤキ並木のような街路樹を「官の緑」というならば、大通りから住宅地に入って

図10　官民公私の図

図11　カワとアン

目にする緑は「民の緑」ということができるが、ともに公的な都市空間に役立てられている。現実の都市空間においては、このように両者の関係は三次元的に複雑に絡み合っていることがわかる。

官民公私の図[図10]は、私が二〇一六年に青山学院大学総合文化政策学部に奉職したときに、東京都青山周辺とりわけ表参道、明治通り、青山通りに囲まれた青山三角地帯と呼ぶ約五〇haの都市空間の分析のために考案した図である。この図を理解するには青山周辺の都市の状況を少し説明する必要がある。青山から渋谷にかけたこの区域はファッションの街として知られ、イッセイミヤケやコムデギャルソンをはじめヤマモトヨウジ、プラダ、ルイ・ヴィトン、ヒューゴ・ボス、ディオールなどの旗艦店が軒を連ねている。

こうしたことから青山三角地帯も表通りからのイメージで捉えられてしまうことが多い。しかし表参道などの主要街路から一歩中に入ると、もともとは住宅地であったことから一変して落ち着いた商住混淆のエリアに変わる。これを饅頭にたとえると、三本の主要街路沿いがカワであるのに対して中身はアンで、また別の雰囲気を醸し出していることがわかる。カワは主要街路の幅に比例して厚くなるので、街区の中になかなか入りにくくなるが、実はこの中身のアンの部分にこそ青山三角地帯のイメージの源泉が隠されている[図11]。

完全に商業化された渋谷駅周辺が、もはや住むためのエリアではなくなりつつある中で、人が住む場所が都心部に残っていることがこのエリアの都市文化を支えてきたのではないかと思う。パリでもロンドンでもニューヨークでも、どこかに人が住んでいることがわかるエリアのほうが魅力的であることが多い。その場合、一〇〇%住宅街というよりも多少のカフェやブティークがあったほうが、訪れる人にとっても住む人たちにとっても魅力的だ。かつての住区から少しずつ小規模な商業が生まれつつあるということが魅力の源泉であり、これは決して再開発ではできないことだと思う。

官民公私の図は、塀で囲まれたかつての住居が上に住居を残したまま、一階がレストランやギャラリーになっていくような生成変化の過程を捉えるための認識ツールである。用語の問題としては、土地所有権に関しては官有地は公共用地(public property)、公有地、政府の土地、自治体の所有地といった具合に英語でも日本語でも官と公の混同が見られるために、ここではあえて官(Governmental terrain)という言葉を使った。また民に関しても、民有地、私有地(private property)といった具合に民と私の混同が起きているので、官に対応する領域として民(Civilian terrain)という言葉を用いた。横軸には公(Public space)と私(Private space)を左右におき、縦の所有権に対して都市空間の質を意味するものとしている。

一九六〇年代くらいまでは、日本では都市の公共空間は公共建築つまり官製建築によってもたらされると誰もが思っていたと思う。このために官は公と同一の用語で語られることも多かった。しかし都市の公共性は道路や広場や公共建築(官製建築)だけで作られるものではない。

青山三角地帯、特に北半分のアンに相当するエリアは塀で囲まれた今よりも少し大きな区画に住宅が建てられていた。この住宅地の区画は代が変わるごとに相続税を払う必要が生じたために徐々に細分化され、少しずつ建蔽率と容積率も上げられていく中で一階を美容室やカフェにしながら二階以上を住宅に残すケースも増えていった。つまり塀の中は全て私的な領域だったものから、一階は塀を取り払い不特定多数の人が出入りする商業が入ることになった。この意味では、小規模な商業は私から公への都市空間上の移行を示すものだったといえる。

一方では商業は特に一九六〇年代までは民間の私的な利益追求と考えられており、現代でも経済学と政治学あるいは法学などの社会科学の領域ではそのように捉えられているように思う。特に社会主義体制または旧社会主義の国家では、商業活動は資本主義社会の民間の私的な活動と見なされている。しかし青山三角地帯の都市空間の変遷過程では、明らかに民有地における私的なゾーンとしての住宅地から不特定多数の人々が出入りする公的な都市空間への変化を示す部分として現れているのである。この意味では官民公私の図においては、民の公的な活動エリアとして捉えることのほうがこの場所にはふさわしいと考えた。

民活導入という言葉があるが、これは官主導の政策の限界を補うために民間の活力を導入するということで、日本では明治維新以降さまざまな分野で官営から民営化が推し進められてきた。これは江戸時代の幕府の財政が常に逼迫しており、士農工商の最下位に位置づけた商人の力を積極的に導入できなかったことに対する反省もあったと思う。明治の元勲たちがこうした江戸の財政の根本的な欠陥を熟知していたことが明治維新につながったと見るべきであり、いきなり明治から白紙の状態で諸改革が行われたわけではないことを理解すべきなのである。

明治初期の一八七二年に開通した新橋 - 横浜間の鉄道を最初の国鉄であると考えるならば、一八八一年の日本初の私鉄の開業まで一〇年を要していない。このことから見ても、東アジアの国々の中でも日本は最も私鉄が発達した国だといえる。このことはずっと後の国鉄民営化に生かされることになる。また一八八八年には、官営炭田であった三井三池炭鉱の民間への払い下げが決定し、入札により三菱と争った三井が翌年より鉱山事業に乗り出して三井の財政的な基礎を築いたことは有名である。三池炭鉱では、官営の時期に比べて民営化されてからのほうが圧倒的に生産能力が向上し、これは結局国家の繁栄につながったのである。

一方、中華人民共和国では改革開放時代に、鄧小平の政策転換により日本的な言い方で表現すれば民間活力を導入したことにより、急速な近代化が進んで今日にいたったことは周知のことである。それでも、今日では政商と中国共産党との間でさまざまな軋轢が生じていることが中国の発展の足枷となっている。中国に限らず、旧社会主義国やそれ以外の国でも左派政権がとる選択肢は、民活よりも社会主義、言い換えれば公権力のほうを上位に位置づける政策をとっており、このことが国家と大企業との対立という壁

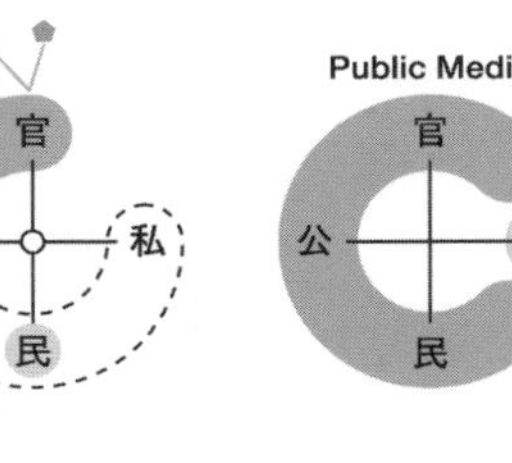

図12 官民公私の図を用いた各国の分析

に突入する結果を招いている。韓国の前政権だった文在寅政権によるサムスンの弾圧などもこの例だという。

建築と都市に話を戻すと、そもそも公共建築という呼び名も本来は官製建築と呼ぶべきところを官と公の混同の激しかった頃、つまり官＝公と見なしていた時代にできた用語だった。日本では江戸時代にも官による公の独占は顕著であり、渡辺崋山が時の幕府の外交政策を批判しただけで「公論を私議する輩」として蛮社の獄で捕縛されて死に追い込まれたことはその最たる例だと思う。この官＝公の思想は明治にまで持ち越され、「牧民官思想」として内務省を中心に受け継がれた。つまり官は牛や羊に干草を与えるように民を養うといった思想である。

現代でもこうした思想は国によっては顕著であり、公という錦の御旗を掲げては官が民の言論を封殺し、弾圧する政治体制が世界の至るところで存在することは我々が日々目にしているところである。しかし都市空間は人間社会を映し出す鏡でもある。官民公私の図は官民を縦軸に、公私を横軸に据えた図であるが、この座標をもとに都市空間のあり方を分析すると、日常の中に埋没しているように見えた都市と社会のさまざまな関係を発見することができる。

図12は、都市空間の分析に用いた官民公私の図を用いていくつかの国の社会体制を考察した例である。ここでは中国と日本の社会体制とBrexitについての分析を行ってみようと思う。中国は官＝中国共産党を中心とする公権力が強い国であり、公の理念はほぼ

一方的に中央によって提示されてきた。民とは中国人民のことであり、これは官が適正と認めた市民でないといけない。「公論を私議する輩」は民とは認められず、私語ばかり話して教師におこられる学生のように「私」のカテゴリーに分類される。このような構図で見ると「私」は「官公民」に完全に包囲されることとなる。

日本の体制は官が以前ほどではないにせよ、引き続き牧民官思想を引きずった政治家と官僚によって、公を錦の御旗として民と私を守るという構図が作られている。これはあたかも官と公の傘によって、暴風雨から民と私が守られているようなポーズに見える。ただ日本の場合は、公とは何かが常に民主的な選挙によって国民から検証され続ける点が中国とは異なっている。ただ長きにわたる官＝公という構図が社会全体に浸透しきっているために、「お上」への依存症が抜け切れておらず、民と私の独立自尊に弱さが目立っている。

Brexitについてだが、ＥＵの統合はソ連の崩壊を契機に東西ヨーロッパが再編成された大変革だったが、何といってもベルリンの壁崩壊から始まる東西ドイツの融合が中心となってＥＵの新しい官＝社会制度が作られ、ヨーロッパ型のグローバリズムが新しい公＝価値観となって北米、東アジアと並ぶ経済圏が形成された。しかしＩＳなどのゲリラ活動による中東の争乱により発生したシリアからの大量の難民がドイツ、フランス、イギリスなどの経済力のある国々に流入するに及んで、イスラム圏に対する拒否反応が一気に表面化した。

イギリスはＥＵの官と公との齟齬に気づき始め、イギリスにとっての民と私はドーヴァー海峡の彼我では一線を画するべきとの判断からＥＵからの離脱を決断したのだと思う。イギリスは元来、地政学的に見てヨーロッパ大陸とは緊密な関係を持ちつつも、独立していることによるメリットを享受してきた国であり、それは一六世紀のヘンリー八世のカトリックからの脱退とその後の繁栄を見ても明らかなのである。

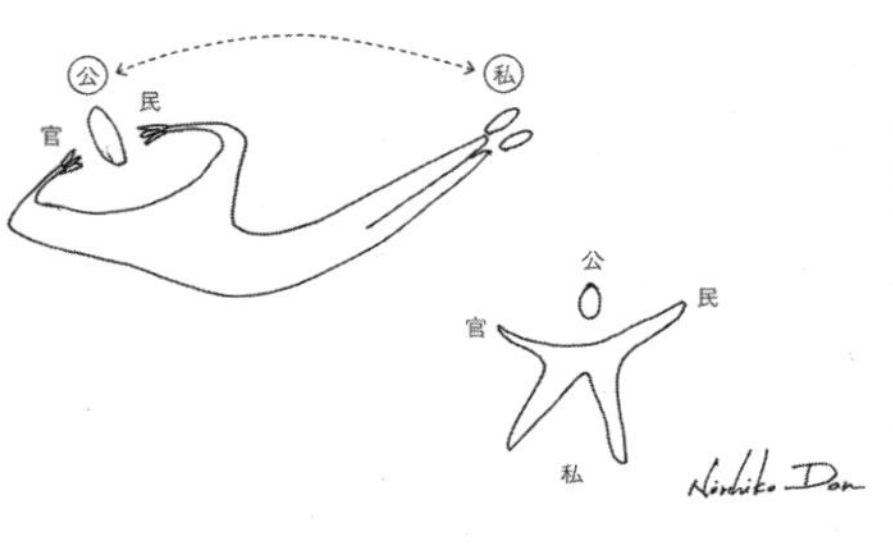

図13 理想都市体操の図／團紀彦

五　理想都市体操の図

図13は以上の事柄を寓意的に表した「理想都市体操の図」である。頭に相当する「公」は大変デリケートなものであり、「官」と「民」が対等に支え合って初めて培われる概念であるという意味を込めている。そうしてできた「公」は「私」とも対等なものであり、その両者は常に水平を保ちながら近づこうと努力していないと、物事のみならず都市空間も共生や再生を実現することはできない。この図は都市社会の動的平衡を示すものだといえる。日本では、今日理想都市の絵を描くということがほとんど意味を持たない言葉になってしまったが、さまざまな場所で形を変えた理想都市体操の図を描くことが今の街をより良くしていくことにつながるのではないかと思う。

これを政治体制の分析に当てはめてみると、官が民を適性市民として選別してコントロール下に置こうとしたり、民の中の私を敵性分子として迫害するような体制ではこの体操は実現できない。公は常に正しく、私は常に人間の私利私欲を体現する悪であるとする極端な人間性悪説でもなく、公は常に誤っており、私がいつも正しいとする独善的なリベラリズムでもない新しい時代の「私」、すなわち生きるための原点のあり方を再定義する必要があるのではないか。

六　ホロンL／Rの境界線

青山三角地帯に建てられたホロンビルは三階建ての二棟からなる商業ビルで、右と左に分かれているためにホロンL／Rと呼んでいる図14-17。二棟の間は敷地境界線となっているが、ここでは少し広げて路地にして、奥には共有の中庭が設けられている。東京青山の地価は高く、一体としては少し大きすぎて借り手のニーズに合わないとの判断があって、二分割にして計画が進められた。スーパーで売っているキャベツや白菜を二分割にして売っているのとよく似ていると思った。ここでは敷地も二分割であったため、将来片方が建直しになっても単独で成り立つようにしておく必要があった。

このエリアは建蔽率が六〇％で容積率が二〇〇％以内の制限があり、四〇％は空地にしなければならないので、これを利用して私有地の中ではあるが路地と中庭を準公共スペースとして街に開くようにした。青山一帯ではもとは住宅が多く、塀で囲まれた家が多かったために、商業地域のように建蔽率が一〇〇%とはならずに六〇%程度になっている。ここではこうした隙間空間を境界線上の都市空間に変えて、二棟の建物が一＋一＝三となるようにデザインしている。

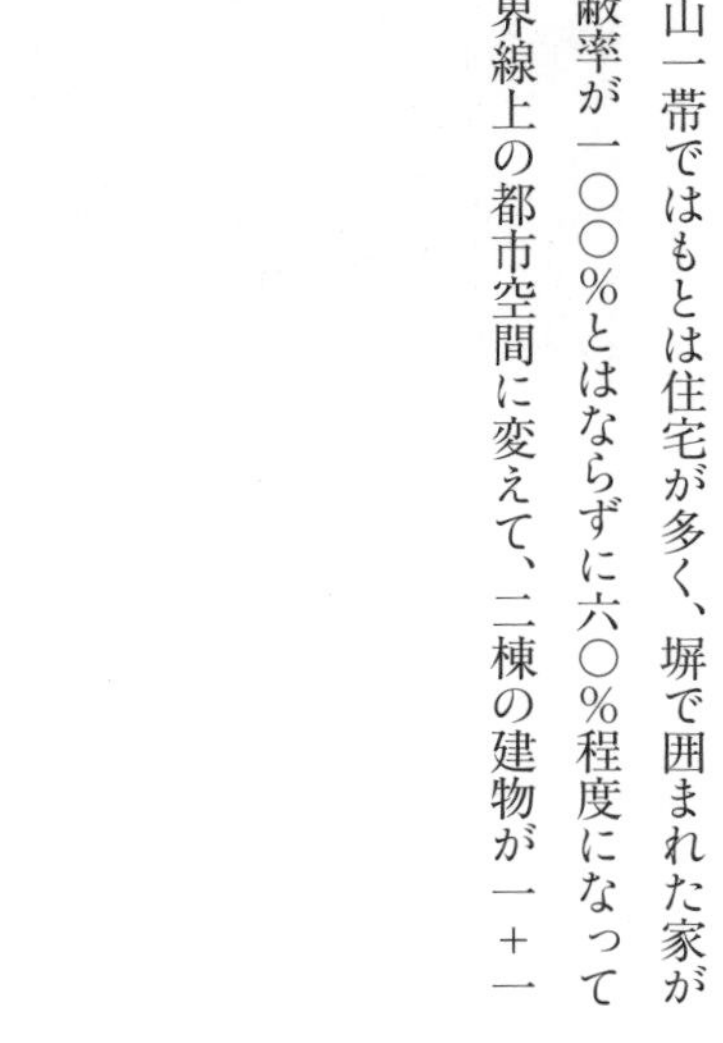

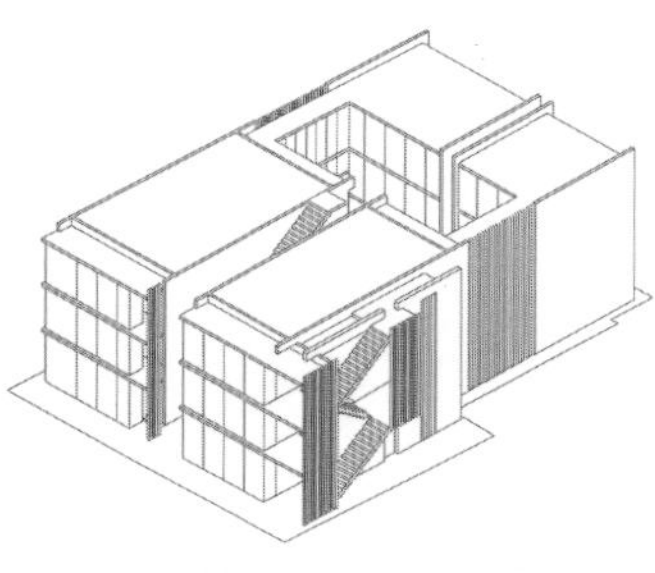

図14 ホロンL／Rアイソメトリック図／團紀彦設計

図15 ホロンL／R境界線上の路地

図16 ホロンL／R中庭

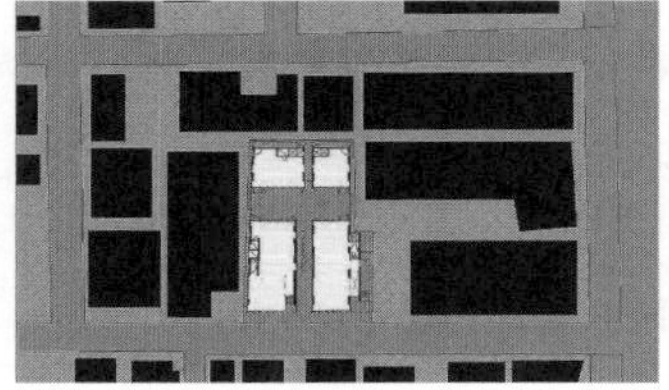

図17 ホロンL／R平面図

図1 共生の図／團紀彦

共生の図[図1]**は、生成変化し続ける有機体や都市の有様を描いたものだ。
いくつかの異なる要素がパッチワーク状（拼）に隣接し、
固有の生存原理を持つテリトリーがせめぎ合うことで、
それらの境界線（界）ではさまざまな衝突や葛藤が繰り広げられている。
こうした境界を超えて人間社会ではITネットワーク（脈）が
縦横無尽に各テリトリーの中の個をつなげており、
自然界ではミツバチが各群落の花粉を他の群落に拡散している。
共生の思想とは、混沌として殺伐とした都市や生態系の対立をその出発点とし、
その葛藤の負のエネルギーを糧として、
豊かな都市空間や生存のための環境に変換しようとする
創造力のことを指している。**

Part 2　理論と実践

一　共生思想の系譜

共生（Symbiosis）という言葉が初出するのは生物学の分野である。ドイツの植物学者フランクが、一八七七年に植物の根とそこに共生する根菌と呼ばれる菌類がどのような相互依存の関係があるかについての研究を行ったことが始まりであり、一八八八年に日本人の植物学者の三好学がこの概念を日本に紹介して共生という訳語を当てたといわれている。また仏教思想の「ともいき」との関連を指摘されることも多い。

この概念を建築や都市をはじめとする社会科学全般に対する重要な理念として発展させたのは日本人建築家の黒川紀章である。黒川紀章は一九三四年に愛知県で生まれ、一九五七年には京都大学建築学科の西山夘三のもとで学んだのちに卒業し、同年東京大学建築学科の丹下健三研究室の修士課程に入学した。そこで槇文彦、菊竹清訓、磯崎新、浅田孝、大高正人、榮久庵憲司、粟津潔、川添登らと出会い、一九五九年にいわゆるメタボリズムグループとして建築理論メタボリズムを発表して国際的な注目を集めた。さらに黒川は一九八七年に共生の思想を提起した。このメタポリズムから共生にいたる黒川

の思想の流れとそれが世界に与えた影響について考えてみたい。

メタボリズムグループと一般的にいわれるのは黒川紀章、菊竹清訓、槇文彦の三人の建築家を指すことが多い図2。私は東京大学建築学科の研究室で槇文彦に師事したことと、黒川紀章の設立した日本文化デザイン会議のメンバーとして黒川紀章からさまざまな話を聞く機会に恵まれたことや、菊竹清訓を長年支え続けた遠藤勝勘氏から菊竹氏についての話を聞く機会があったので、この三人の世界をリードした建築家たちの三様の活動のどこに共通点と相違点があったのかを考える機会に恵まれることとなった。

三人に共通していたのは丹下健三から親しく薫陶を受けたことと、戦後の復興期を目の当たりにしながら建築活動を始めたことである。また戦後の一時期、世界のモダニズムを主導していたCIAMが解散されると、その若手のメンバーにより結成されたTeam Xのメンバーたちとの交流を持った点である。メタボリズムグループは一九五〇年代から世界の建築の潮流は「機械の原理から生命の原理へ」との新しい時代に向けたテーゼを立てており、その延長線上にメタボリズムの提言があった。

この三人の建築家が協働して一つのプロジェクトを完成させたのは、一九六九年に完成したペルーの低所得者向け集合住宅だけではないかと思う。これは国際コンペで国連により指名されたアメリカのクリストファー・アレクサンダー、イギリスのジェームズ・スターリング、フランスのキャンディリス、スイスのアトリエファイヴ、ドイツのハーバート・オール、フィンランドのティオヴォ・コルホーネン、日本のメタボリズムグルー

図2　メタボリズムの系譜。（前頁右から）黒川紀章、菊竹清訓、槇文彦

プらによって競われて、日本のメタボリズムグループが一等を獲得して実現したものである。

その後三人の建築家は別々の方向に向けて活動を続けたが、「機械の原理から生命の原理へ」という基本原理は共有し続けたのではないかと考えられる。この三人のうち、黒川紀章と菊竹清訓は初期の計画において丹下健三の直裁なダイアグラムをダイレクトに建築化する側面の影響を強く受けているのに対して、槇文彦はアメリカ・ハーヴァード大学に留学した際のホセ・ルイ・セルトの影響もあって、代官山ヒルサイドテラスに見られるような正統的モダニズムの建築言語による造形的な展開を行うようになった点は異なっている。

機械の原理というのは、ル・コルビュジエの「住宅は住むための機械である」といったテーゼにあるように、現代建築を産業革命以降の機械文明との共存を図ろうとする考え方に対する批判を込めたものであると考えられる。特に日本の戦後の焼け野原とそこからの復興の様子を見てきた日本の現代建築の第二世代は、都市をスタティックなものではなく常に生成変化する生命体として捉えたことも理解できるところである。こうした文脈からメタボリズムグループは都市を決して完成することのない多数多様体として見ていたことは間違いあるまい。

これは第一世代の代表格でもあり、彼らの恩師でもあった丹下健三のモニュメンタリズムに対する批判でもあり、また次の歴史の一ページを開こうとした意気込みを表した

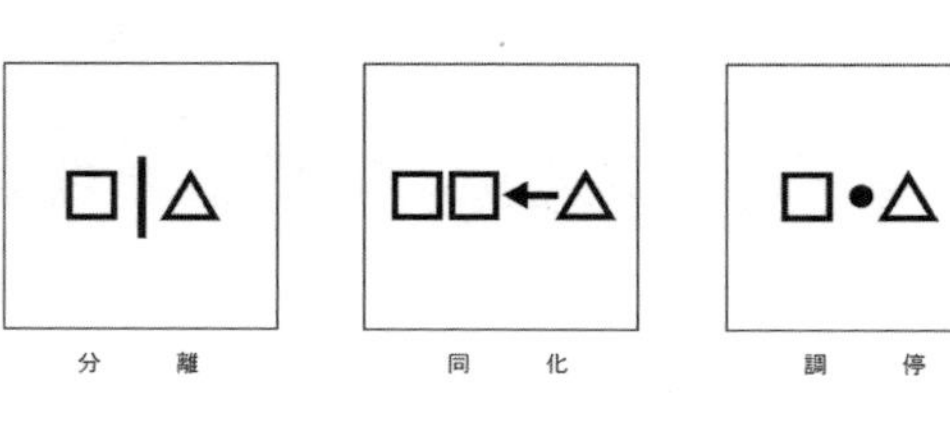

図3 分離・同化・調停

ものであると考えることができる。メタボリズムとは、まさに当時の若手建築家たちの眼前に広がっていた風景そのものであったのではないか。機械の原理はボザール的なパリのような都市から、生産を主体とした工業都市に生まれ変わろうとする社会主義的で機能主義的な原理だったと思う。しかし機械は完成予想図を描くことができるものであり、生成変化する生命とは全く異なる美学に基づいている。

黒川紀章は、この三人の中でも特にこの生命の原理を直接的なダイアグラムを用いて表現したのだと思う。カプセルビルとして知られる東京築地の中銀ビルは生命体のように生成変化する建築のコンセプトを表しており、現実にはカプセルは交換されなかったものの、メタボリズムを表現した世界で唯一のモニュメントとなった。保存の願いも虚しく、ついに取り壊されることになったカプセルビルであるが、今にもそれらのカプセルが付け加えられたり、取り外されたりするダイナミックで生命力に溢れた都市の姿を思い描いた黒川紀章の都市のイメージが蘇ってくるようだ。

二　分離・同化・調停

さまざまな要素が多数の境界線を持ってパッチワーク状に共存している場合、混沌と共生の状況を分かつものは境界領域に第二の秩序が存在しているか否かであると考え

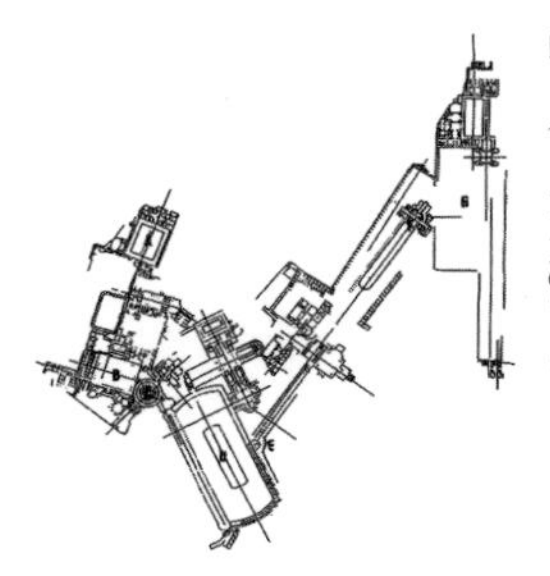

図4　ハドリアヌスのヴィラ

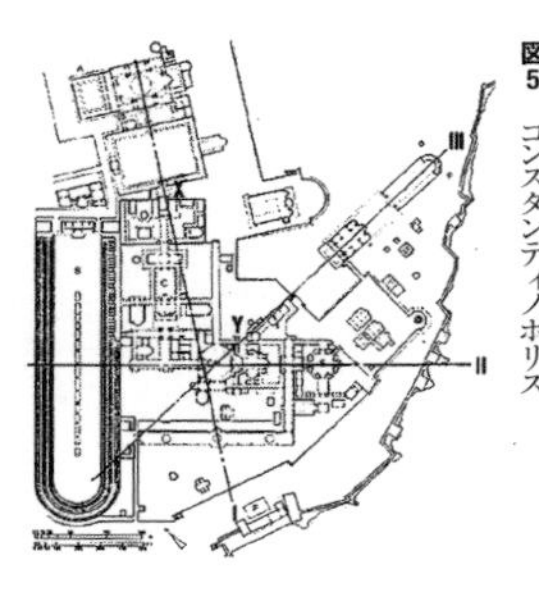

図5　コンスタンティノポリス

ることができる。都市の場合、AとBという異なる要素が境界線を隔てて隣接する場合、人間が取り得る境界に対する所作には分離・同化・調停の三つの行為が考えられる図3。

分離とは、隣り合うAとBを共存させるために境界に生垣やコンクリートの塀を立てたり、植樹帯を設けて両者を離隔したりするものだ。分離にもさまざまな例があり、先に述べたイスラエルのガザ地区の防御壁のような例もあれば知覚の生垣のようなものもある。同化とはA・BをA・AまたはB・Bにすることで、両者の不協和音や衝突を回避するものである。強力な統合により、個々の差異を最小化したり、無秩序に見える諸要素の建築群の外観や色彩を統一することで一体感をもたらそうとする場合などもこれに当てはまる。調停はAとBの性格を変えずにMという調停要素を介在させることで、一＋一＝三のような空間的なシナジー効果をもたらそうとするものである。

この調停要素Mは、さまざまな場所や状況によりいろいろな立ち現れ方をするものであるが、古代ローマ時代の二つの平面図の比較は図像学的に調停と同化の違いをよく示している。一方は二世紀前半に造営されたイタリアのティヴォリにあるハドリアヌスのヴィラ図4で、他方はローマ世界で初めてキリスト教を公認した後の都市計画として四世紀前半に造営されたコンスタンティノポリス図5で現在のトルコのイスタンブールである。ハドリアヌスのヴィラは、角度のズレからなるいくつもの系がコラージュ的に配置されているが、その異なる系の境界に必ず円形の調停要素が現れている。

これは円という図形の性格上異なる角度のズレがある場合でも、双方に帰属することができるからであり他の図形ではできない。一方コンスタンティノポリスの平面を見ると、唯一の円形要素が都市全体を統合している。この円形状の建築は、トリコンティと呼ばれ文字通り聖と俗と皇帝権力を三位一体化するもので、アヤソフィアからの軸線をはじめ競技場からの軸などが全てここに集約されている。

ハドリアヌスのヴィラの円は角度を調停するための調停要素で複数存在し、コンスタンティノポリスの円は全ての上に立つ円としてあらゆる都市の諸要素を同化させる世界の中心の円だといえる。二世紀前半のローマは多神教を奉ずる国であり、その二〇〇年後に造営されたコンスタンティノポリス以降、ローマ世界の都市はキリスト教の唯一神のもとで構想されるようになった。この二つのローマ都市における円形のあり方が、それぞれの時代の宗教観と世界観を反映していることは大変興味深い。

二〇〇八年の暮れに、私は仲間の建築家たちと当時ニューヨークにいた作家の島田雅彦の招きでアメリカ・ワシントンの日本大使館で建築と都市に関する講演を行ったことがあり、私はそのときこの「調停の円」の話をした。講演の後にアメリカ人のご婦人と娘さんが話しかけてきて「アメリカはこれからあなたが話した〝調停の円 Mediator Round〟を学ばなければいけないのです」といったことを忘れることはできない。都市と自然の認識モデルの話だったが、「調停の円」の中に覇権主義ではない新しい時代の思想とそのシンボルを見出してくれたのだと思う。

図6　京都アクアリーナ俯瞰

三　大地、他者、時間との共生

大地との共生

建築は大地の上に建つというのはごく当たり前のことだ。しかし人類の残したさまざまな実例を見ると、カッパドキアの岩山の中にくり抜いて造られた初期キリスト教の修道院や、中国の黄土地帯の土の中を住居としたヤオトン集落のように、大地と一体化した建築も存在する。建築はそれが奪った地形を大地に返す役割を担っている。

京都アクアリーナ図6、7は、仙田満氏との共同設計による京都市の水泳場の計画である。敷地は京都市西京極の運動公園の一角で面積は三・六haあり、五mほどの高さの阪急電鉄の軌道敷によって主たる運動公園と切り離されていた。夏はプール、冬はスケートリンクにすることが求められていたので地下に相当大きな機械室を置く必要があった。これを建設するために発生する残土は約九万㎥、建物の要求延べ床面積は三万㎡だったので、平均階高を六mとすれば三×六＝一八万㎥の建築ヴォリュームが想定

図7　京都アクアリーナ、冬季スケートリンク

された。これに九万㎥の残土を加えると、総体で二七万㎥のカレーができ上がる。

　この半建築半地形の具とルーからなるカレーをもとに考えると、一五mほどの丘が敷地中央にでき鉄道の軌道敷で分断された運動公園は再び一体性を取り戻すことができた。敷地周辺には住宅地が多く、九万㎥もの残土を運び出すことは周囲に塵埃を撒き散らすことになり、またどこか知らない海岸の埋立てに使われることで新たな環境破壊につながる恐れがあった。二七万㎥のカレー状の「共生ミディアム」は概念上流動的だったので、住宅地に面する部分には緑の傾斜面を設け、公共通路からは京都の山並みが見えるようにといったように、周辺の文脈に合わせて煮こごりのように最終形を導いた。このように、この建物は建築のグラウンドを半建築・半地形の共生ミディアムとして捉えることによって、形態と機能を調停して建築と大地をつなぎ止めている。

　共生ミディアムとは、西京極の計画でいえばカレーに形容したような半建築半地形状の柔らかなミディアムを指している。この概念は、日本の山野で目にした自然破壊の惨状と、西洋の古典的な都市の

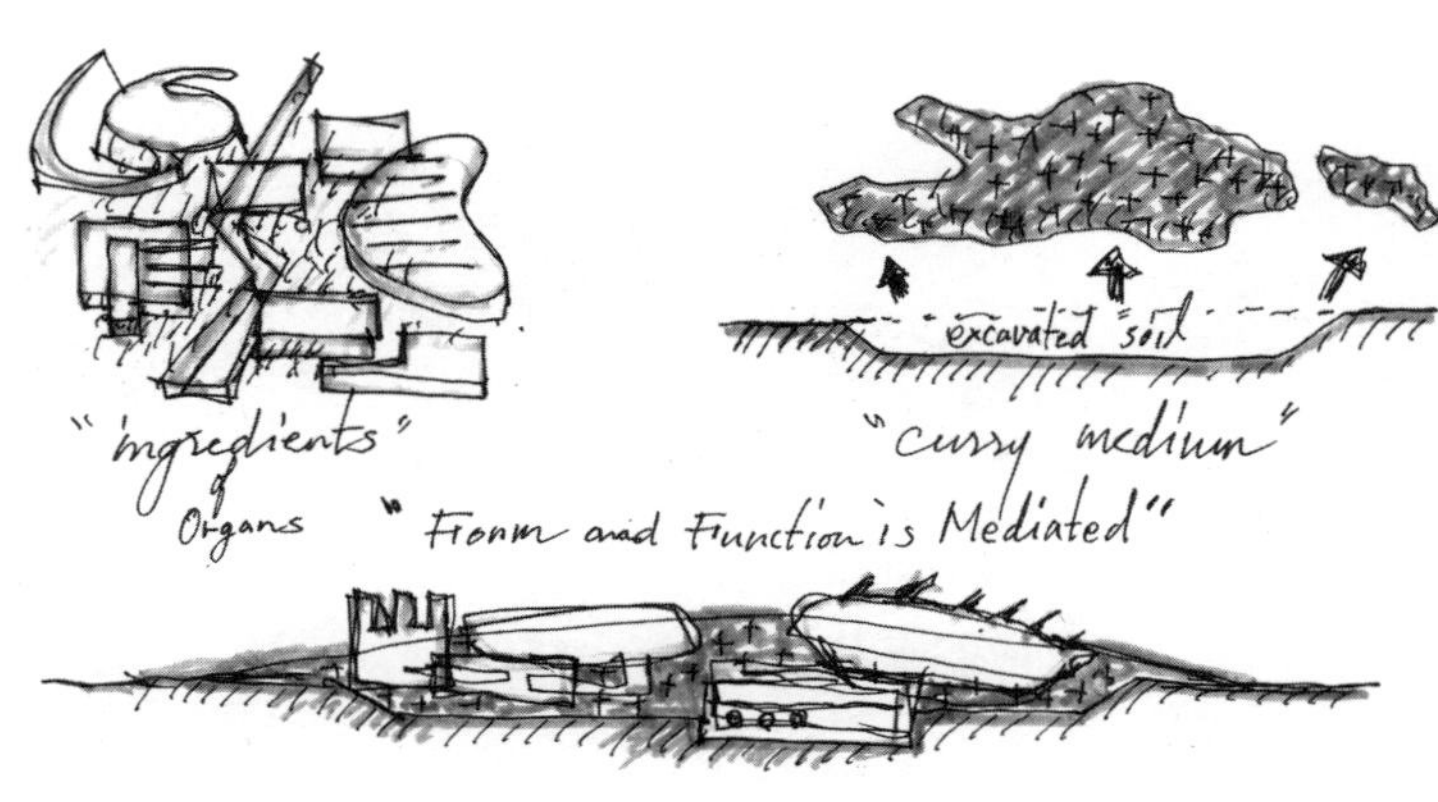

図8 共生ミディアム／團紀彦

グラウンドの双方からヒントを得たものである。国土の狭い日本では、建設現場でまず目にするものは土木工事によって大胆に削られていく自然地形だった。削られた土はさらに谷や海を埋めることに使われる。一方「ノリの図」に見られる建築のグラウンドも柔らかな概念で、この二つを合体することで共生ミディアムの概念が生まれた。この概念は本来、満身創痍となった大地に連続性を取り戻すための方法として構想したものである図8。

日月潭風景管理処図9-12は、台湾中部の南投県地震からの復興を記念して造られた建物である。日月潭は東洋一の美しさを誇る湖で、もとは発電用に造られた人工湖である。敷地はこの湖の一つの入り江に面していて、一九九九年に発生した南投県地震の際の瓦礫の堆積した場所で、周囲は木々に覆われた低い丘に囲まれていた。建物の用途はこの環境を修復し、周囲の環境を維持するための風景管理処の管理棟と観光客のためのヴィジターセンターから成り立っている。工事により発生する残土は外部に廃棄せずに、発想の段階から建築のヴォリュームと合体して全体を構想した。

敷地というものは、周囲の自然との関わりの中でいくつもの隠さ

図9 日月潭風景管理処、台湾南投県

図10 日月潭風景管理処夜景

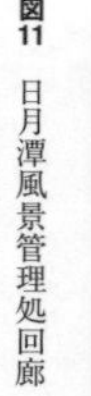
図11 日月潭風景管理処回廊

図12 日月潭風景管理処ゲート

図13　寧波鯤鵬館全景、中国寧波市

れた可能性を秘めている。たとえば、地面から数m高い位置から湖を見た景色は地上から見たものと全く違う場合もある。また、水面を手前に置くことで反射を利用して湖とのつながりを増幅したり、風景の一部を切り取ることで象徴性をより強めることもある。ここでは建築は周辺環境を塗り替えるものとしてではなく、そこに隠されたさまざまな空間の次元を引き出し、人間と自然が語り合うための舞台装置となるように構想されている。

寧波鯤鵬館図13-15は、中国浙江省寧波市の中心を流れる甬江沿いの公園の中に計画された展示複合施設であり、設計は寧波大学の陸海氏と共同で行った。内陸側には新しく計画されたオフィスビル群が建ち並んでおり、そこから甬江を見下ろす眺望を妨げずに、内陸と川をつなぐ結節点を造ることを目指した。公園は市民のジョギングや太極拳の場となっており、こうした園路をオーヴァル型の中心の広場に導き入れ、広場を囲むウィングには展示空間やカフェテリアなどを設けている。駐車場は地上レヴェルに設け、その上部のランドスケープを甬江沿いの公園と連続させ、アプローチは内陸側から緩やかにマウンドを登り、二階に

設けられたゲートから広場と甬江の景色が拓かれるように計画した。

鯤鵬とは巨魚(鯤)と大鳥(鵬)が合体した想像上の動物である。甬江沿いの公園を水面に見立て、そこに泳ぐ鯤と上部が展望遊歩道となっているウィングを鵬として命名されたものである。

他者との共生

建築にとって隣の建物とはどのような関わりを持つものなのか。もしそこに一貫した文脈があれば、周辺と協調して都市空間の連続性を保つ必要がある。表参道はケヤキ並木が美しく、世界のブランドショップが軒を連ねるファッションストリートとなっているが、建築相互のつながりは希薄で相互の脈絡は少なかった。

表参道Keyakiビル図16・18の敷地は、先に建てられていたトッズビルのL字の敷地に囲まれた狭い角地だった。もとの建物は表参道に正対していたために、伊東豊雄氏設計のL字型のトッズビルとはあまり調和していなかった。L字の敷地の可能性と角地の特徴をもっと出すためにこの計画の平面を円形とし、対角からの視点を取り戻したいと思った。トッズビルのL字型の内側の立面は美しくデザインされていたので、この建物にトーチ状のフォルムを与えることで中ほどの高さにおけるくびれた部分からこの隣接するビルの内側の立面を見せるように工夫した。また、建物の立面に板目張りコンク

（前頁右）**図14**　寧波鯤鵬館広場
（前頁左）**図15**　寧波鯤鵬館俯瞰

リートのリブを垂直方向に配列することでケヤキのように、歩くにつれて表情が変化するようにデザインしている。トッズビルの外壁もまた打放しコンクリートでケヤキのモチーフを表現しており、一つのモチーフに対する二つの異なる表情を持つ建築群として「他者との共生」を試みている。

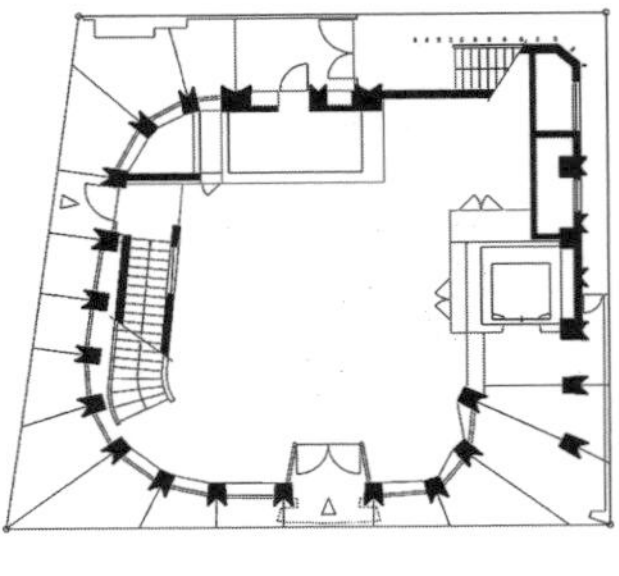

図16　表参道Keyakiビル平面図

図17　表参道Keyakiビル外観

図18　表参道Keyakiビルストリートビュー

日吉ダム周辺整備計画図19・21は、京都府日吉町にある桂川水系の治水用の日吉ダムの直下流の公園に計画された複合施設およびランドスケープの計画である。この計画はダム直下の桂川の両岸にまたがる右岸の温浴施設と体育館、および左岸の交流施設からなるスプリングスひよしとダム直下流の円形橋から成り立っている。日本では、ダムのような土木構造物と建築物は全く異なる官僚制度によって無関連に計画されることが多い。この計画では、珍しく当時新潟大学教授だった樋口忠彦氏の統括のもとで、水資源開発公団の推進する日吉ダムと日吉町の施設の一体的な整備が実現した。

ダム本体とスプリングスひよしを川の両岸に対置させ、橋梁でつなぐことによってダムとの間の公園を囲い込み、ダムへの前構えとした。ダムの堤体は地形上の理由から直下の公園とは正対していなかったので、円形橋を設けて公園とダムの角度の調停要素とした。ダムにとってのゲートは水のための水門であるので、建築もまた中央に桂川を通す水門の形をとって連動させながら総体としてのゲートハウスとして、この開かれたダムの領域に訪れる人々へのゲートとなるように計画した。土木構造物と建築物はこれまで別個のものとして無関連に計画されてきたが、ここでは他者との共生として一体的な空間のダイナミズムを造り出すことを目指している。

時間との共生

時間もまた空間と同じようにさまざまな境界線あるいは結び目を持っている。「それ

図19 日吉ダム周辺整備計画全景写真

図20 日吉ダム円形橋

図21 日吉ダムとスプリングスひよし

天地は万物の逆旅にして光陰は百代の過客なり」とは、李白が桃李園の夜会のために書いた序文だが、今見ても斬新で一二〇〇年前の唐の時代によく現代人の心に響く時空を超えた文章が書けたと感嘆するばかりである。生きた時間の脈絡を未来につなげることはいつの時代でも大切な人間の課題である。

台湾桃園国際空港第一ターミナル図22-25は、一九七九年に台湾における最初の国際線ターミナルとして年間五〇〇万人の利用客を想定して建設された。設計は台湾の著名な構造家T・Y・リンによるもので、一九六二年に開港したワシントンのダレス国際空港の影響を受けた建物である。第一ターミナルと呼ばれる最初のターミナルは、各国が急成長を遂げているときに建設されることが多く、比較的すぐにオーバーキャパシティーになるケースが多い。桃園国際空港第一ターミナルも一〇年足らずで年間利用客数が一〇〇〇万人を超え、第二ターミナルが完成した後もこの状態が続いていた。

二〇〇四年に、年間一五〇〇万人が利用可能なターミナルへ改修するための国際コンペが開催され、我々が設計者に選ばれた。人間にたとえるとまだ三〇歳にも満たぬ建物がオーバーキャパシティーを理由に取り壊されることが多い中で、構造を補強して再生することは良いことだと感じた。我々の提案は、左右両翼の三階にあった出発と到着のゲートの外にある未使用のテラスを鳥の翼のようなウィング状の大屋根をかけることで内部化し、出入国ホールを拡張するとともに一階のチェックインカウンターも

図22 台湾桃園国際空港第一ターミナル

図23 台湾桃園国際空港第一ターミナル入国ホール

図24　台湾桃園国際空港第一ターミナル出国ホール

図25　台湾桃園国際空港第一ターミナル夜景

大幅に拡張するものだった図24。この方針によって新たな床をいっさい増床せずに、年間一五〇〇万人の利用が可能となった。このために新しいターミナルを建設する予算と比較して二〇分の一のコストで実行することができ、建設に際して発生する二酸化炭素量も八分の一に低減することができた。

かつて外壁面にあった斜めに倒れた列柱は旧ターミナルのデザインの最大の特徴であったが、今度は内部に取り込まれ出発と到着ホールの内部空間の主要なシンボルとなった。この計画では、人間の身体の外科手術のように悪い場所を直しながら新しい要素を移植し、過去からの糸を選りすぐって未来への糸につなげる時間との共生がテーマとなった。旧ターミナルを知る人は多く、昔の記憶が本の第一章だとすれば再生されたターミナルが第二章となり二つの時間がひと繋がりになることによって、時間との共生を実現することができた。

四　共生の思想について

共生の思想とは、混沌として殺伐とした都市や生態系の葛藤をその出発点とし、その葛藤の負のエネルギーを推進のための燃料として正の都市空間と社会環境を生み出すために、一＋一＝三にしようとする創造力のことを指している。今日この思想が都市空間と自然環境の再生に活かされ、さらに敷衍して人類の平和に貢献できるような新しい智の試みを喚起することにつながることを願うところである。

地球上には人間社会と自然環境のいずれにおいても均質なものはなく、それであるにもかかわらず均質でグローバルな統一的な地平があるというのは幻想にすぎないのではないか。グローバルな地平を目指す過程で、世界がすでに覇権の争いに陥っていることを見れば明らかだと思う。固有の文化的アイデンティティーを守る境界線は大切にすべきであり、境界領域を共生に向けたさまざまな改善を試みるための新たな領域として再評価する必要があると考える。

建築と都市はマルクス主義や資本主義といった二〇世紀の旧来のイデオロギーが登場するはるか以前、人類が環境を構築した頃からヒューマンなスケールで人間社会の個と群れと自然の共生をさまざまな形で試みてきた。目の前に広がる都市空間はそうしたさまざまな試行錯誤の集大成であると思う。

建築家黒川紀章が「共生の思想」を世界に提起したのも、世界にはさまざまな物理的分脈と文化的文脈、そして空間的な多様性があることを知り尽くした建築家であったことと無縁ではない。また、日本および東アジアから見た世界という視点と共生の思想は密接な関係を持っている。

大航海時代から始まる西欧中心主義は、西欧が世界文明の一角であることは事実としても、格別なものであるかのように世界を支配してきたものであり、それは徐々にではあるが終焉を迎えつつある。日本においても明治維新以来、欧米的であることが近代化の象徴ともなってきた。「普遍的」あるいは「グローバル」という言葉の裏には、常に原点は欧米にあるという意味を持っていたという点で、日本社会にも深く浸透したものとなっている。

次に引用する現代中国の社会学者、陸薇薇と呉未未の論文『「共生思想」の原型——日本的自然観の探究』は、共生思想が日本文化に根ざしたものであることを指摘している点で興味深いので、多少長いが以下に一部を引用する。

「共生思想」の原型——日本的自然観の探求

The Archetype of the Idea of Symbiosis: A quest for the Japanese View of Nature

Riku bibi* Go mimi*

ABSTRACT In recent years, the expression "symbiosis" or "the idea of symbiosis" has been widely used in many countries of the world. Actually, it is Kisho Kurokawa, a Japanese, that invented this expression. What on earth does "symbiosis" mean? And how is it related to the culture of Japan, especially the traditional Japanese view of nature? This paper answers the questions above.

3 日本的自然原理

3・1 「生む」哲学

田中晃は「いのちの連続性」の哲学の根拠を、西欧的な「造る」とは異なる日本的な「生む」から見出している。すなわち、「『生む』が『造る』と異なるのは、生むものは主体でありながら、生まれるものも単なる客体にとどまらずまた主体であるという一事である」[6]ということを認識して、さらにその「自然」観への影響を西欧における超越神との比較から次のように述べている。

「〔共生・共棲〕1 ともに所を用じくして生活すること。2 異種の生物が行動的・生理的な結びつきをもち、一所に生活している状態。共利共生と片利共生と分けられる。寄生も共生の一形態とすることがある。」

旧約の超絶神が端的に無より創造するのに対して、古事記の神々の国土生産は修理固成である。創造が「造る」に対して「生む」であることは、「生む」が生み得る能力を予想しての修理固成であることを意味する。……かくて「生むもの」は生む働きの根源を回想するが故に、生むものは造るものの如くに端的に主体的ではない。……造るものは端的に主体であり、造られたものは端的に客体であるが、生むものは生む根源を回想し、生まれるものは根源から生まれるものであるから、生むものと生まれるものとは相対的二極として倶にこの根源に依存する。造られるものが造るものに内含され尽くすのに対し、生まれるものは生むものを通し、生むものは生まれるものを通して、等しくこの根源に帰向する。この根源が「葦牙の如萌え騰るもの」であって、吾吾はそれを仮りに能産的自然とも称し得るであらう。[7]

要するに、能産的自然は、超越神によって天地が無から創造されたとき、能産的自然である天地が「単なる客体として放置されるに対して、この客体を主体にまで翻転したことを意味する」[8]のである。すなわち、根源的生産力として能産的自然へ復帰することによって、「客体」がそれぞれの存在を担う「主体」であるという意味を持ってくることになるのである。

古代中国の哲学と宇宙観の集大成である『易経』に同じような考えが見られる。『易経』は「太極は両儀を生み、両儀は四象を生み、四象は八卦を生む」と説く。実際、太極＝両儀、両儀＝四象、四象＝八卦である。だから、生むといっても、生む側だけが主体であるわけではなく、生まれる側もまた主体になるわけである。東洋思想の底流にあるこの考えは自然観に影響を与え、西洋と東洋の自然や環境の扱い方が違ってくるのはそこに原因があると考えられる。

3・2　「自然」との融合

日本の「自然」主義の「自然」は、「生命」の絶対性・内在性を前提とした「生命＝本質」

へ主体としての「我」と客体としての「世界＝nature」の「対立」的関係認識はあるが、その程度は弱く直ちに自他の「帰一」「融合」が行われる[9]。典型例として、田山花袋と相馬御風の文があげられる。

自然が外部と内部とにあることはしってゐることが肝心である。自分の内面も亦一自然である。他の宇宙が自然であると同じやうに、矢張自己も一自然であるといふことである。そして同じ法則が、同じリズムが同じやうに自他をとおして流れているといふことである。であるから、自然なもの、真なもの、法則に近いもの、リズムに近いものは自己であって、そして又他であるのである。従って自然なものが、一番他と共鳴するのである。そこに芸術の生命があり、根本がひそんでゐるのである[10]。自覚せられたる自然主義の三昧境は、知識と感情とのながい対峙の果ての疲労から偶然にも到り得た主客両体の融合境の自覚に外ならぬ。……写実主義の所期は単に冷静なる知識の眼を以て自然を観、事を観るにあれど、自然主義は知情融合せる心眼を以て万象の往来を観ずるにある。平たく謂へば、写実主義は客観の事象を客観の事実そのものとして写し、自然主義は客観の事象を我と生命を同じうせるものとして、之を観るにある[11]。

この田山および相馬にみられる主体と客体が融合しているありさまは、日本人が自然に込める意味合いを「もろもろのものであり、その物を生々する運動であるが」、「かつて天地と捉えられていた無限定な究極性がそこにみてとられている」[12]という指摘に通じるものである。

日本の伝統的な自然観の核をなすのは「自ずから」であるが、それは本質無規定のまま、自発的に生成することを意味するものであるといわれる。デカルトに始まる近代哲学と自然科学が、明らかに人間による自然の操作を打ち出して、西洋的な主観――客観の対立を明らかにしてきたが、日本では、こうした客体的存在としての自然ではなく、「生ける自然」「大いなる自然」というものであった。丸山真男が『歴史意識の「古層」』の中で、日本人の発想を「なる」型であると指摘して、キリスト教に代表される人格的超越者をふまえた「つくる」論理に対比させ、『古事記』の冒頭の一文を引きながら、日本人の神は天地のエネルギーの噴射によって次々に「成りませる」神であって、神の背後に生成の働きそのものを見ていることを明らかにしているように、日本人にとって自然はもっと自発的で、神聖なものであったのである[13]。このような自然だからこそ、人は自然と対立するのではなく、融合することができる。そして、こういう自然に対する認識は今日の「人間と自然との共生思想」に通じるものがあると言える。

（抜粋）


この引用論文でもわかる通り、黒川紀章の共生の思想は明確に日本発の哲学として捉えられているのに対して、日本では日本から出た哲学であることすら日本人に知られていないことは悲しむべきことではないか。今はこの日本的な人智を世界のためにも発展させていかなければならない時であると思う。

地球の環境は多種多様であり、そこで育まれてきた文化もまた多元的であって当然である。そうした文脈が守られてきた背景には海や山脈、あるいは大河などさまざまな地理的な要因や都市が創り出すさまざまな境界領域があったからではないか。また自然と同様に、都市もまた生成変化を繰り返すものであり、そのような動的平衡の中で豊かな境界領域を創り出し、人々が共生し、また自然との共生を図る「共生の思想」こそが人間と自然の環境を豊かにする唯一の進むべき道であると確信している。

あとがき

本書は、日本の都市観察を通じてその成り立ちを読み解き、共生の思想を含むいくつかの視点をもとに都市文化論としてまとめたものである。都市は建築を言語にたとえれば、それらによって綴られた膨大な文章であり、その文脈はまちまちである種の読み取りが必要となるものである。

都市の生成変化のスピードは、人間の日々の生活に比べるとずっと緩慢なものであり、このためにその変化の方向性をつぶさに感じとることは専門家にとっても容易なことではない。毎日会っている家族の成長がかえって見えにくいこととよく似ている。また、都市は人間社会にとっては巨大な容器のようなものであり、そのるつぼの中にいるとかえって容器全体の動きを見ることが困難なものでもある。宇宙の中にいるとその外形を見ることができないこととよく似ている。

日々の日常生活では都市の中を忙しく動き回ってはいるが、それだけで精一杯で、都市の成り立ちやその行く末を立ち止まって考える余裕はない。こうした人間の身体よりも大きな環境を理解するためには、ある種の概念や視点をもとに手探りでその動きを感じとるほかに手立てはない。

都市を認識する手がかりは、いつも日常生活の中で棚に上げてきた疑問、たとえば京都はなぜ気づかぬうちにこれほどまでに変化していたのか。あるいは渋谷駅はなぜ今のようになっているのか。あるいは日本の都市景観はなぜおもちゃ箱をひっくり返したように見えるのか、などの素朴な問いかけから始まるものだと思う。

都市空間にさまざまな連続と分断があるように、歴史、あるいは時間もまたいくつもの連続と不連続から成り立っている。その分断を良しとするのか、それとも何とか連続を取り戻そうとするのかは、その場に立ってよく考えなければならないことだ。

都市学は歴史学であるとともに工学や医学でもあり、社会学や経済学そのものでもあり、また芸術学でもある。しかし、芸術学として見ると、今の日本と世界の都市を見るかぎり、純白のキャンヴァスの上にユートピアの絵を描くこと以上に、完結、未完結を問わず、さまざまな人々の手で書き加えられた絵に脈絡を見出していくことが大切だと思う。文脈は見出すものでもあり、また創り出すものでもあるからだ。そうすることで一＋一＝三となるような都市の営みを築く共生的思考が今求められている。

都市は、歴史と現代、自然環境と人為的環境、地形の持つ意味など、はじめから多元的なものであり、永久に生成変化し続けるものだと思う。これからの都市を担う新しい世代にとって、常に新しい美学と理念を追求しながら、千の豊かな空間を紡ぎ出すことになれば素晴らしいことだと思う。

出版に際しては株式会社鹿島出版会と、編集者の相川幸二氏に本書に対するご理解と多大なるご尽力をいただいた。この場を借りて心から御礼を申し上げたい。

二〇二二年一一月

引用文献

『都市の未来　21世紀型都市の条件』　森地茂・篠原修編著、日本経済新聞社、二〇〇三年
『「共生思想」の原型――日本的自然観の探究』　陸薇薇・呉未未、愛知工業大学研究報告、第46号、二〇一一年
『都市を看る』　團紀彦著、忠泰建築文化藝術基金会、二〇一九年
『建築から見た日本』その歴史と未来　上田篤+縄文社会研究会、鹿島出版会、二〇二〇年

参考文献

『照葉樹林文化とは何か』佐々木高明／中公新書
『最暗黒の東京』松原岩五郎／岩波文庫
『東京の下層社会』紀田順一郎／ちくま学芸文庫
『明治東京下層生活誌』中川清／岩波文庫
『新共生の思想』黒川紀章／徳間書店
『都市革命』黒川紀章／中央公論新社
『アメリカ大都市の死と生』ジェイン・ジェイコブス著、山形浩生訳／鹿島出版会
『評伝ロバート・モーゼス』渡邉泰彦／鹿島出版会
『貧民の帝都』塩見鮮一郎／文春新書
『弾左衛門とその時代』塩見鮮一郎／河出文庫
『古代朝鮮と倭族』鳥越憲三郎／中公新書
『明治神宮』今泉宜子／新潮選書
『見えがくれする都市』槇文彦、若月幸敏、大野秀敏、高谷時彦／SD選書、／鹿島出版会
『近代建築の歴史』レオナルド・ベネヴォロ著、武藤章訳／鹿島出版会
『コラージュ・シティ』コーリン・ロウ、フレッド・コッター著、渡辺真理訳／SD選書、／鹿島出版会
『興亡古代史』小林惠子／文藝春秋
『新版 動的平衡』福岡伸一／小学館新書

図版および写真出典リスト

Ⅰ章
図1・6・13・17 国立国会図書館所蔵／図2 ナビット提供／図3・5 ピクスタ提供／図4 團紀彦建築設計事務所／図7 ウィーン美術史博物館所蔵／図8・9 Copyright © Jorudan Co., Ltd.／図11 古地図は人文社復刻版御江戸大絵図を使用 協力：こちずライブラリ／図12 臼杵市教育委員会所蔵／図14 国土地理院提供（ブログ林檎倶楽部提供）／図18 二葉保育園提供／図21 田北英彦撮影

Ⅱ章
図1 アマナイメージ提供／図2 ゲッティ提供／図4 土木学会附属土木図書館提供／図5 埼玉県鳩山町提供／図8・13 アイストック提供／図9 Columbus Museum of Art所蔵／図10 山種美術館所蔵／図13 ピクスタ提供／図14 SD選書『コラージュ・シティ』2009年、鹿島出版会／図15 槇総合計画事務所提供／図21 国立国会図書館所蔵／図16・17・18・19・26 團紀彦建築設計事務所／図20・23 フォトライブラリー提供／図24・25 川澄・小林研二写真事務所撮影

Ⅲ章

図1 上段左、佐賀県立博物館所蔵、鳥栖市田代太田古墳後室奥壁画復元模写図、日下八光画 上段右、虎塚古墳石室壁画 ひたちなか市教育委員会所蔵 下段左、国立歴史民俗博物館所蔵、日ノ岡古墳玄室奥壁復元模写、日下八光画 下段中央、チブサン古墳 熊本県山鹿市 フォトライブラリー提供 下段右、隼人の楯 奈良文化財研究所所蔵／図2 上段左 ピクスタ提供 上段中 wikipedia 上段右 シャッターストック提供 中段左 フォトライブラリー提供 中段右 写真ＡＣ提供 下段左 シャッターストック提供 下段中 ピクスタ提供 下段右 GOM提供／図3 特定非営利活動法人メコン ウォッチ提供（ラオスで撮影）／図4 東京都埋蔵文化財センター提供／図5 ピクスタ提供／図6 アラミー提供／図7 台北国立故宮博物院所蔵／図8 石山寺所蔵／図9 一乗寺所蔵／図10 広隆寺所蔵／図11 神護寺所蔵／図12 大阪城天守閣所蔵／図14 宮川春汀画『当世風俗通 風俗錦絵雑帖 茶の湯』国立国会図書館所蔵／図15 弘経寺所蔵／図16 菱川師宣画『遊楽人物図貼付屏風』出光美術館所蔵／図17 巌如春（いわお じょしゅん）作 加賀藩儀式風俗図絵『寺子屋』（浮世絵、昭和8年製作）、金沢大学付属図書館所蔵／図22 ゑ藤隆弘（STUDY LLC.）／図20 Saigen Jiro撮影 ／図23 国土地理院提供

Ⅳ章①

図2・12 ピクスタ提供／図5「京都旅屋」提供／図6 北村照子撮影／図14『新宿の摩天楼』著者：モリオ／図15 素材っち提供／図16 フォトライブラリー提供／図13・17 團紀彦建築設計事務所／図18 朝日新聞社「朝日新聞 報道写真傑作集 1954」より／図19 飛鳥園提供

Ⅳ章②

図2・4上段 フォトライブラリー提供／図3 ピクスタ提供／図4下段・6 シャッターストック提供／図5 ななし（イノウエ シゲヨシ氏）提供／図7 パブリックドメインQ提供

Ⅴ章①

図1 今野泰三撮影（日本国際ボランティアセンター）（JVC）／図2・8 知覧武家屋敷庭園有限責任事業組合提供／図4 フォトライブラリー提供／図5・7 パブリックドメインQ提供／図6 アイストック提供／図9 團紀彦建築設計事務所／図12 ゑ藤隆弘（STUDY LLC.）

Ⅴ章②

図2 槇文彦：Nissei parking 情報誌『COM』Vol. 28 日精株式会社パーキングシステム情報誌 ASPI 黒川紀章：『男子専科』Archive Official HP・中銀カプセルビル（JordyMeow撮影） 菊竹清訓・スカイハウス：SD8010 特集：菊竹清訓／図6・7・9・10・11・18 團紀彦建築設計事務所／図12 Anew Chen撮影／図13・14・15 寧波新鋭図像有限公司撮影／図17 KOZO TAKAYAMA撮影／図19・20・21 藤塚光政撮影／図22・23・24・25 團紀彦建築設計事務所

著者
團 紀彦
だん・のりひこ

建築家、都市計画家。一九五六年神奈川県生まれ。
一九七九年 東京大学工学部建築学科卒業後槇文彦に師事。
一九八二年 同大学大学院修士課程修了。
一九八四年 米国イェール大学建築学部大学院修了。

主な受賞

一九九五年 新日本建築家協会JIA新人賞受賞（八丈島のアトリエ）
二〇一一年 台湾建築奨首奨受賞（日月潭向山風景管理処）
二〇一四年 台湾建築奨首奨受賞（台湾桃園国際空港第一ターミナル再生計画）
二〇一四年 日本都市計画学会「計画設計賞」受賞（室町東三井ビルディングCOREDO室町）
二〇一四年 日本建築家協会優秀建築賞受賞（表参道Keyakiビル・Hugo Boss）など

主な著書

『るにんせん』（新風舎、二〇〇六年）
『東京論』（編著・田園城市文化事業、二〇〇八年）
"Norihiko Dan And Associates"（JOVIS, 2015）
『時間・遺跡・魚』（中国建築工業出版社、二〇一六年）
『都市を看る』（台湾忠泰建築文化芸術基金会、二〇一九年）
『建築から見た日本』（共著・鹿島出版会、二〇二〇年）など

主な作品

日月潭風景管理処
台湾桃園国際空港第一ターミナル再生計画
日本橋室町東地区再生計画「コレド室町」
表参道Keyakiビルなど

SD選書 273

共生の都市学

二〇二二年一二月二〇日 第一刷発行

著 者 團 紀彦

発行者 新妻 充

発行所 鹿島出版会

〒一〇四-〇〇二八 東京都中央区八重洲二-五-一四

電話 〇三-六二〇二-五二〇〇

振替 〇〇一六〇-二-一八〇八八三

印刷・製本 三美印刷株式会社

ISBN 978-4-306-05273-4 C1352

本書に関するご意見・ご感想は左記までお寄せください。

URL https://www.kajima-publishing.co.jp

E-mail info@kajima-publishing.co.jp

SD選書目録

四六判（*=品切）

001 現代デザイン入門 勝見勝著
002* 現代建築12章 L・カーン他著 山本学治訳編
003* 都市とデザイン 栗田勇著
004* 江戸と江戸城 内藤昌著
005 日本デザイン論 伊藤ていじ著
006* ギリシア神話と壺絵 沢柳大五郎著
007 フランク・ロイド・ライト 谷川正己著
008 きもの文化史 河鰭実英著
009 素材と造形の歴史 山本学治著
010* 今日の装飾芸術 ル・コルビュジエ著 前川国男訳
011 コミュニティとプライバシイ C・アレグザンダー著 岡田新一訳
012* 新桂離宮論 内藤昌著
013 日本の工匠 伊藤ていじ著
014 現代絵画の解剖 木村重信著
015 ユルバニスム ル・コルビュジエ著 樋口清訳
016* デザインと心理学 穐山貞登著
017 私と日本建築 A・レーモンド著 三沢浩訳
018* 現代建築を創る人々 神代雄一郎編
019 芸術空間の系譜 高階秀爾著
020 日本美の特質 吉村貞司著
021 建築をめざして ル・コルビュジエ著 吉阪隆正訳
022* メガロポリス J・ゴットマン著 木内信蔵訳
023 日本の庭園 田中正大著
024* 明日の演劇空間 尾崎宏次著

025 都市形成の歴史 A・コーン著 星野芳久訳
026* 近代絵画 A・オザンファン他著 吉川逸治訳
027 イタリアの美術 A・ブラント著 中森義宗訳
028* 明日の田園都市 E・ハワード著 長素連訳
029* 移動空間論 川添登著
030* 日本の近世住宅 平井聖著
031* 新しい都市交通 B・リチャーズ著 曽根幸一他訳
032* 人間環境の未来像 W・R・イーウォルド編 磯村英一他訳
033 輝く都市 ル・コルビュジエ著 坂倉準三訳
034 アルヴァ・アアルト 武藤章著
035* 幻想の建築 坂崎乙郎著
036* カテドラルを建てた人びと J・ジャンベル著 飯田喜四郎訳
037 日本建築の空間 井上充夫著
038* 環境開発論 浅田孝著
039* 都市と娯楽 加藤秀俊著
040* 郊外都市論 H・カーヴァー著 志水英樹訳
041* 都市文明の源流と系譜 藤岡謙二郎著
042* 道具考 榮久庵憲司著
043 ヨーロッパの造園 岡崎文彬著
044* 未来の交通 H・ヘルマン著 岡寿麿訳
045* 古代技術 H・ディールス著 平田寛訳
046* キュビスムへの道 D・H・カーンワイラー著 千足伸行訳
047* 近代建築再考 藤井正一郎著
048* 古代科学 J・L・ハイベルク著 平田寛訳
049 住宅論 篠原一男著
050* ヨーロッパの住宅建築 S・カンタクシーノ著 山下和正訳
051* 都市の魅力 清水馨八郎、服部銈二郎著
052* 東照宮 大河直躬著
053 茶匠と建築 中村昌生著
054* 住居空間の人類学 石毛直道著
055* 空間の生命 人間と建築 坂崎乙郎著
056* 環境とデザイン G・エクボ著 久保貞訳

057* 日本美の意匠 水尾比呂志著
058* 新しい都市の人間像 R・イールズ他編 木内信蔵監訳
059 京の町家 島村昇他編
060* 都市問題とは何か R・パーノン著 片桐達夫訳
061 住まいの原型Ⅰ 泉靖一編
062* コミュニティ計画の系譜 佐々木宏著
063* 近代建築 V・スカーリー著 長尾重武訳
064* SD海外建築情報Ⅰ 岡田新一編
065* SD海外建築情報Ⅱ 岡田新一編
066* 天上の館 J・サマーソン著 鈴木博之訳
067 木の文化 小原二郎著
068* SD海外建築情報Ⅲ 岡田新一編
069* 地域・環境・計画 水谷穎介著
070* 都市虚構論 池田亮二著
071 現代建築事典 W・ペーント編 浜口隆一他日本語版監修
072* ヴィラール・ド・オヌクールの画帖 藤本康雄著
073* タウンスケープ T・シャープ著 長素連他訳
074* 現代建築の源流と動向 L・ヒルベルザイマー著 渡辺明次訳
075* 部族社会の芸術家 M・W・スミス編 木村重信他訳
076 キモノ・マインド B・ルドフスキー著 新庄哲夫訳
077 住まいの原型Ⅱ 吉阪隆正他著
078 実存・空間・建築 C・ノルベルグ=シュルツ著 加藤邦男訳
079* SD海外建築情報Ⅳ 岡田新一編
080* 都市の開発と保存 上田篤、鳴海邦碩編
081* 爆発するメトロポリス W・H・ホワイトJr.他著 小島将志訳
082* アメリカの建築とアーバニズム(上) V・スカーリー著 香山壽夫訳
083* アメリカの建築とアーバニズム(下) V・スカーリー著 香山壽夫訳
084* 海上都市 菊竹清訓著
085* アーバン・ゲーム M・ケンツレン著 北原理雄訳
086* 建築2000 C・ジェンクス著 工藤国雄訳
087* 日本の公園 田中正大著
088* 現代芸術の冒険 O・ビハリメリン著 坂崎乙郎他訳

089* 江戸建築と本途帳　西和夫著
090* 大きな都市小さな部屋　渡辺武信著
091* イギリス建築の新傾向　R・ランダウ著　鈴木博之訳
092* SD海外建築情報V　岡田新一編
093* IDの世界　豊口協著
094* 交通圏の発見　有末武夫著
095 建築とは何か　B・タウト著　篠田英雄訳
096 続住宅論　篠原一男著
097* 建築の現在　長谷川堯著
098* 都市の景観　G・カレン著　北原理雄訳
099* SD海外建築情報VI　岡田新一編
100* 都市空間と建築　U・コンラーツ著　伊藤哲夫訳
101* 環境ゲーム　T・クロスビイ著　松平誠訳
102* アテネ憲章　ル・コルビュジエ著　吉阪隆正訳
103* プライド・オブ・プレイス　シヴィック・トラスト著　井手久登他訳
104* 構造と空間の感覚　F・ウイルソン著　山本学治他訳
105* 現代民家と住環境体　大野勝彦著
106* 光の死　H・ゼーデルマイヤ著　森洋子訳
107* アメリカ建築の新方向　R・スターン著　鈴木一訳
108* 近代都市計画の起源　L・ベネヴォロ著　横山正訳
109* 中国の住宅　劉敦楨著　田中淡他訳
110* 現代のコートハウス　D・マッキントッシュ著　北原理雄訳
111 モデュロールI　ル・コルビュジエ著　吉阪隆正訳
112 モデュロールII　ル・コルビュジエ著　吉阪隆正訳
113* 建築の史的原型を探る　B・ゼーヴィ著　鈴木美治訳
114 西欧の芸術1 ロマネスク上　H・フォシヨン著　神沢栄三他訳
115 西欧の芸術1 ロマネスク下　H・フォシヨン著　神沢栄三他訳
116 西欧の芸術2 ゴシック上　H・フォシヨン著　神沢栄三他訳
117 西欧の芸術2 ゴシック下　H・フォシヨン著　神沢栄三他訳
118* アメリカ大都市の死と生　J・ジェイコブス著　黒川紀章訳
119* 遊び場の計画　R・ダットナー著　神谷五男他訳
120 人間の家　ル・コルビュジエ他著　西沢信弥訳

121* 街路の意味　竹山実著
122* パルテノンの建築家たち　R・カーペンター著　松島道也訳
123 ライトと日本　谷川正己著
124 空間としての建築(上)　B・ゼーヴィ著　栗田勇訳
125 空間としての建築(下)　B・ゼーヴィ著　栗田勇訳
126 かいわい[日本の都市空間]　材野博司著
127* 歩行者革命　S・プライネス他著　岡並木監訳
128 オレゴン大学の実験　C・アレグザンダー著　宮本雅明訳
129* 都市はふるさとか　F・レンツローマイス著　武基雄他訳
130* 建築空間[尺度について]　P・ブドン著　中村貴志訳
131* アメリカ住宅論　V・スカーリーJr.著　長尾重武訳
132* タリアセンへの道　谷川正己著
133* 建築VS.ハウジング　M・ポウリー著　山下和正訳
134* 思想としての建築　栗田勇著
135* 人間のための都市　P・ペータース著　河合正一訳
136* 都市憲章　磯村英一著
137* 巨匠たちの時代　R・バンハム著　山下泉訳
138 三つの人間機構　ル・コルビュジエ著　山口知之訳
139 インターナショナル・スタイル　H・R・ヒッチコック他著　武沢秀一訳
140 北欧の建築　S・E・ラスムッセン著　吉田鉄郎訳
141* 続建築とは何か　B・タウト著　篠田英雄訳
142* 四つの交通路　ル・コルビュジエ著　井田安弘訳
143 ラスベガス　R・ヴェンチューリ他著　石井和紘他訳
144 ル・コルビュジエ　C・ジェンクス著　佐々木宏訳
145* デザインの認識　R・ソマー著　加藤常雄訳
146* 鏡[虚構の空間]　由水常雄著
147 イタリア都市再生の論理　陣内秀信著
148 東方への旅　ル・コルビュジエ著　石井勉他訳
149* 建築鑑賞入門　W・W・コーディル他著　六鹿正治訳
150* 近代建築の失敗　P・ブレイク著　星野郁美訳
151* 文化財と建築史　関野克著
152* 日本の近代建築(上)その成立過程　稲垣栄三著

153* 日本の近代建築(下)その成立過程　稲垣栄三著
154 住宅と宮殿　ル・コルビュジエ著　井田安弘訳
155* イタリアの現代建築　V・グレゴッティ著　松井宏方訳
156 バウハウス[その建築造形理念]　杉本俊多著
157 エスプリ・ヌーヴォー[近代建築名鑑]　ル・コルビュジエ著　山口知之訳
158* 建築について(上)　F・L・ライト著　谷川睦子他訳
159* 建築について(下)　F・L・ライト著　谷川睦子他訳
160* 建築形態のダイナミクス(上)　R・アルンハイム著　乾正雄訳
161* 建築形態のダイナミクス(下)　R・アルンハイム著　乾正雄訳
162 見えがくれする都市　槇文彦他著
163* 街の景観　G・バーク著　長素連他訳
164* 環境計画論　田村明著
165* アドルフ・ロース　伊藤哲夫著
166* 空間と情緒　箱崎総一著
167 水空間の演出　鈴木信宏著
168* モラリティと建築　D・ワトキン著　榎本弘之訳
169* ペルシア建築　A・U・ポープ著　石井昭訳
170* ブルネッレスキ ルネサンス建築の開花　G・C・アルガン著　浅井朋子訳
171 装置としての都市　月尾嘉男著
172 建築家の発想　石井和紘著
173 日本の空間構造　吉村貞司著
174 建築の多様性と対立性　R・ヴェンチューリ著　伊藤公文訳
175 広場の造形　C・ジッテ著　大石敏雄訳
176 西洋建築様式史(上)　F・バウムガルト著　杉本俊多訳
177 西洋建築様式史(下)　F・バウムガルト著　杉本俊多訳
178 木のこころ 木匠回想記　G・ナカシマ著　神代雄一郎他訳
179* 風土に生きる建築　若山滋著
180* 金沢の町家　島村昇著
181* ジュゼッペ・テッラーニ　B・ゼーヴィ編　鵜沢隆訳
182* 水のデザイン　D・ベーミングハウス著　鈴木信宏訳
183* ゴシック建築の構造　R・マーク著　飯田喜四郎訳
184 建築家なしの建築　B・ルドフスキー著　渡辺武信訳

185 プレシジョン(上)　ル・コルビュジエ著　井田安弘他訳
186 プレシジョン(下)　ル・コルビュジエ著　井田安弘他訳
187* オットー・ワーグナー　H・ゲレツェッガー他著　伊藤哲夫他訳
188* 環境照明のデザイン　石井幹子著
189 ルイス・マンフォード　木原武一著
190 「いえ」と「まち」　鈴木成文他著
191 アルド・ロッシ自伝　A・ロッシ著　三宅理一訳
192* 屋外彫刻　M・A・ロビネット著　千葉成夫訳
193 「作庭記」からみた造園　飛田範夫著
194* トーネット曲木家具　K・マンク著　宿輪吉之典訳
195 劇場の構図　清水裕之著
196 オーギュスト・ペレ　吉田鋼市著
197 アントニオ・ガウディ　鳥居徳敏著
198 インテリアデザインとは何か　三輪正弘著
199* 都市住居の空間構成　東孝光著
200 ヴェネツィア　陣内秀信著
201 自然な構造体　F・オットー著　岩村和夫訳
202 椅子のデザイン小史　大廣保行著
203* 都市の道具　GK研究所、榮久庵祥二著
204 ミース・ファン・デル・ローエ　D・スペース著　平野哲行訳
205 表現主義の建築(上)　W・ペーント著　長谷川章訳
206* 表現主義の建築(下)　W・ペーント著　長谷川章訳
207 カルロ・スカルパ　A・F・マルチャノ著　浜口オサミ訳
208* 都市の街割　材野博司著
209 日本の伝統工具　土田一郎著　秋山実写真
210 まちづくりの新しい理論　C・アレグザンダー他著　難波和彦監訳
211* 建築環境論　岩村和夫著
212* 建築計画の展開　W・M・ペニヤ著　本田邦夫訳
213 スペイン建築の特質　F・チュエッカ著　鳥居徳敏訳
214* アメリカ建築の巨匠たち　P・ブレイク他著　小林克弘他訳
215* 行動・文化とデザイン　清水忠男著
216 環境デザインの思想　三輪正弘著

217 ボッロミーニ　G・C・アルガン著　長谷川正允訳
218 ヴィオレ・ル・デュク　羽生修二著
219 トニー・ガルニエ　吉田鋼市著
220 住環境の都市形態　P・パヌレ他著　佐藤方俊訳
221 古典建築の失われた意味　G・ハーシー著　白井秀和訳
222 パラディオへの招待　長尾重武著
223* ディスプレイデザイン　魚成祥一郎監修　清家清序文
224 芸術としての建築　S・アバークロンビー著　白井秀和訳
225 フラクタル造形　三井秀樹著
226 ウイリアム・モリス　藤田治彦著
227 エーロ・サーリネン　穂積信夫著
228 都市デザインの系譜　相田武文、土屋和男著
229 サウンドスケープ　鳥越けい子著
230 風景のコスモロジー　吉村元男著
231 庭園から都市へ　材野博司著
232 都市・住宅論　東孝光著
233 ふれあい空間のデザイン　清水忠男著
234 さあ横になって食べよう　B・ルドフスキー著　多田道太郎監修
235 間(ま)――日本建築の意匠　神代雄一郎著
236 都市デザイン　J・バーネット著　兼田敏之訳
237 建築家・吉田鉄郎の『日本の住宅』　吉田鉄郎著
238 建築家・吉田鉄郎の『日本の建築』　吉田鉄郎著
239 建築家・吉田鉄郎の『日本の庭園』　吉田鉄郎著
240 建築史の基礎概念　P・フランクル著　香山壽夫監訳
241 アーツ・アンド・クラフツの建築　片木篤著
242 ミース再考　K・フランプトン他著　澤村明+EAT訳
243 歴史と風土の中で　山本学治建築論集①
244 造型と構造と　山本学治建築論集②
245 創造するこころ　山本学治建築論集③
246 アントニン・レーモンドの建築　三沢浩著
247 神殿か獄舎か　長谷川堯著
248 ルイス・カーン建築論集　ルイス・カーン著　前田忠直編訳

249 映画に見る近代建築　D・アルブレヒト著　萩正勝訳
250 様式の上にあれ　村野藤吾著作選
251 コラージュ・シティ　C・ロウ、F・コッター著　渡辺真理著
252 記憶に残る場所　D・リンドン、C・W・ムーア著　有岡孝訳
253 エスノ・アーキテクチュア　太田邦夫著
254 時間の中の都市　K・リンチ著　東京大学大谷幸夫研究室訳
255 建築十字軍　ル・コルビュジエ著　井田安弘訳
256 機能主義理論の系譜　E・R・デ・ザーコ著　山本学治他訳
257 都市の原理　J・ジェイコブズ著　中江利忠他訳
258 建物のあいだのアクティビティ　J・ゲール著　北原理雄訳
259 人間主義の建築　G・スコット著　邉見浩久、坂牛卓監訳
260 環境としての建築　R・バンハム著　堀江悟郎訳
261 パタン・ランゲージによる住宅の生産　C・アレグザンダー他著　中埜博監訳
262 褐色の三十年　L・マンフォード著　富岡義人訳
263 形の合成に関するノート/都市はツリーではない　C・アレグザンダー著　稲葉武司、押野見邦英訳
264 建築美の世界　井上充夫著
265 劇場空間の源流　本杉省三著
266 日本の近代住宅　内田青藏著
267 個室の計画学　黒沢隆著
268 メタル建築史　難波和彦著
269 丹下健三と都市　豊川斎赫著
270 時のかたち　G・クブラー著　中谷礼仁他訳
271 アーバニズムのいま　槇文彦著
272 庭と風景のあいだ　宮城俊作著
273 共生の都市学　團紀彦著